Л. В. Катренко

ТОПИНАМБУР

ИСТОЧНИК ЦЕЛЕБНОЙ ФРУКТОЗЫ

Москва — Санкт-Петербург
«ДИЛЯ»

УДК 635.2
ББК 42.143
К 29

Данная книга не является учебником по медицине, все рекомендации, приведенные в ней, использовать только после согласования с лечащим врачом.

Катренко Л. В.

К29 Топинамбур. Источник целебной фруктозы. — СПб.: «Издательство «ДИЛЯ», 2011. — 144 с.

ISBN 978-5-88503-306-0

Книга рассказывает о чрезвычайно полезных свойствах топинамбура — одного из самых популярных растений для диетического питания, в частности, для больных диабетом. В настоящее время в России уже накоплен опыт по культивированию и переработке растения для нужд медицины и пищевой промышленности. Автор книги раскрывает перед читателями лечебное и хозяйственное значение растения, особенности его успешного выращивания как на больших площадях, так и в частном огородном хозяйстве, а также предлагает рекомендации по использованию топинамбура в оздоровительных целях и кулинарии.

Для широкого круга читателей.

ISBN 978-5-88503-306-0

Эта книга посвящается моему деду Тимофею, герою труда, который своим отношением к труду привил своей внучке огромную любовь к Земле

УДИВИТЕЛЬНОЕ ТВОРЕНИЕ ПРИРОДЫ

Помните, как в одной русской сказке мужик и медведь вершки и корешки делили? Речь в ней шла, как известно, о репе. И для мужика действительно было важно «поделить» урожай правильно. А вот случись им делить урожай топинамбура — в накладе никто б не остался! Очень уж богата эта культура.

Клубни использует в пищу человек, причем из них не только готовят различные блюда, но и используют в оздоровительных целях.

Листья идут на корм животным и птицам — по питательной ценности зеленая масса топинамбура, чрезвычайно богатая белком, превосходит даже цветущие клевер и кукурузу. У коров, например, которым ее скармливают, становится больше молока, увеличивается его жирность. Телята и поросята заметно прибавляют в весе. Лучше и на две-три недели раньше обычного срока несутся куры, хорошо растут утки, гуси, кролики.

Стебли используются для заготовки кормов: силоса и сена.

Зеленая масса растения в 2 раза больше, чем другие, выделяет кислорода и поглощает из атмосферы углерода.

Академик Н. М. Болтасов называет топинамбур одной из самых мощных на земле растительных фабрик и отмечает, что по выходу полезных для человека или животных питательных и лечебных веществ растение занимает, пожалуй, одно из первых мест в мире среди полевых культур. Средняя высота его в Нечерноземье превышает 3 м! И даже в Подмосковье, где не самая хорошая почва, на впервые возделанной, удобренной лишь навозом земле сбор урожая топинамбура (было посажено 55 тысяч клубней на гектар) достиг 97 т с гектара: зеленой массы — 70 т, клубней — 27 т.

Широко используется топинамбур и для промышленной переработки в различных целях.

Из собранного с гектара топинамбура получается 11–12 т сахара, причем не сахарозы, а в основном ценнейшей фруктозы (в 1,5–2 раза больше, чем из сахарной свеклы или сахарного тростника). Прессование топинамбура дает прекрасный сок для компотов и патоки.

Бразильские специалисты утверждают, что из стеблей и клубней топинамбура, собранных с гектара, можно получить 11 т спирта высокого качества. Такой спирт добавляют к бензину, что значительно снижает выбросы тетраэтилового свинца.

Служит топинамбур и сырьем для целлюлозной промышленности. Брикеты из него — неплохое топливо.

Земляная груша считается одной из лучших кормовых культур.

Растение это, ко всему прочему, крайне неприхотливо. Еще в 1911 году В. И. Козловский писал: «Это единственное растение из всех разводимых, которое дает большие урожаи почти без затрат труда, не опасаясь ни мороза, ни засухи, ни дождя, ни плохой почвы и ее истощения, обходится без навоза, обильно родит на одном месте десятки лет, а что для нас тоже важно (хотя печально сознаться), не требует почти никакого ухода и не наказывает, как другие растения, за небрежность в летних работах около него или даже за невыкапывание его на зиму. Одним словом, хотя это помимо воли звучит иронией, но это идеальное, самой судьбой посланное нам, славянам, растение».

Родина топинамбура — Северная Америка, где и в настоящее время близ Великих озер дикие сорта топинамбура занимают обширные площади. Известно, что использовалось это растение человеком уже за две тысячи лет до нашей эры, а в первом тысячелетии до нашей эры топинамбур вошел в индейское земледелие.

Европейцы впервые увидели топинамбур в 1586 году при основании своей колонии в Виргинии. Первое массовое знакомство европейцев с этой культурой связано с трагическими обстоятельствами, сопутствующими открытию и заселению берега Канады. Из-за сильной засухи в 1612 году наступил голод, и лишь клубни топинамбура, близкие по питательности к картофелю, спасли переселенцам жизнь. В Европу, во Францию, растение завезли французские моряки из экспедиции Лескарбо в 1613 году. В это же время культура получила и свое название — топинамбур — от названия индейского племени «тупинамба». В Италии, из-за сходства с подсолнечником, также завезенным в Европу из Северной Америки, топинамбур известен под названием «карчиофо» или «арчичиофо-джирасол». Благодаря ценным вкусовым и лечебным свойствам растение быстро распространилось по всей Европе.

В Прибалтику топинамбур был завезен через Германию. А вот в Казахстан он попал из Китая, и не как овощ, а как лекарственное растение под названием «китай картошкасы».

В Россию топинамбур проник через Архангельск и Балканы. На юге его стали называть волжской репой, однако наиболее распространенное в России название овоща, связанное со сходством формы клубней с грушей, — земляная груша.

В дореволюционный период заметный вклад в дело внедрения этой культуры в крестьянских хозяйствах внес В. И. Козловский, выращивая и реализуя десятки тысяч пудов клубней в Сибирь, Среднюю Азию, Закавказье. Позднее, в Советском Союзе, инициатором широкого внедрения новых сортов топинамбура и проведения селекционных работ с этой культурой был академик Н. И. Вавилов. По его инициативе в 1933 году в Москве при Институте сои и спецкультур состоялась первая Всесоюзная конференция по топинамбуру.

Однако с середины 30-х до середины 80-х годов XX столетия топинамбур в России перенес период незаслуженного забвения. Только благодаря энтузиастам-подвижникам удалось сохранить для страны сортовую коллекцию культуры. С середины 1950-х годов работы по топинамбуру касались, в основном, кормопроизводства.

В 1990-е годы благодаря усилиям энтузиастов возникла новая волна проявления интереса к топинамбуру и его внедрения в различные агроклиматические зоны. Возрождение интереса к топинамбуру было связано с разработкой новых, кроме кормопроизводства, аспектов его использования: пищевое, биотехнологическое и медико-биологическое. Широкому освоению этой культуры в агротехнической практике для кормовых, пищевых, биотехнологических целей способствовало создание межрегиональной научно-внедренческой ассоциации «Топинамбур», общественной организации, куда вошли энтузиасты-ученые различных специальностей и практики-аграрии.

Если, например, в 1980-х годах в Сибири о топинамбуре знали лишь немногие энтузиасты, то в 1992 году уже во многих хозяйствах Челябинской, Омской, Курганской, Новосибирской, Иркутской областей, Красноярском крае, Бурятии и Якутии были созданы плантации в несколько десятков гектаров. В 1996 году только в Иркутской области посадки топинамбура занимали более ста гектаров. Для сложных природно-климатических условий Сибири с коротким вегетационным периодом, ранними августовскими заморозками, засушливым летом культура топинамбура особенно актуальна и перспективна, так как отличается высокой урожайностью, повышенным содержанием растительного белка и других ценных компонентов и неприхотливостью к условиям произрастания.

После 57-летнего перерыва были возобновлены научно-практические конференции «Топинамбур и топинсолнечник — проблемы возделывания и использования»: 2-я Всесоюзная конференция в городе Иркутске в августе 1990 года, 3-я Всесоюзная конференция в городе Одессе в октябре 1991 года, 4-я Межрегиональная конференция в Воронеже в сентябре 1992 года, 5-я Межрегиональная конференция в Твери в сентябре 1993 года, 6-я — в Москве в октябре 1994 года и 7-я — в Московской области, в городе Пушкино, в 1995 году.

К сожалению, по причине экономического спада, в России и СНГ около 10 лет активные работы по топинамбуру ни в научном, ни в практическом плане не велись. Но в 1999–2000 годах уже стали заметны единичные результаты по биотехнологии этой культуры и были сделаны первые шаги по созданию рынка сбыта.

Самая полная в мире коллекция топинамбура — 304 сортообразца, относящихся к диким, примитивным и культурным типам, — собрана в России на Майкопской опытной станции Института растениеводства (ВИР). Это уникальный генофонд, который используется в научных и практических целях.

В ряде стран мира (Франция, Германия, Австрия, Англия, Ирландии, Италия, Испания, Норвегия, Нидерланды, США, Канада, Бразилии, Южная Корея, Венгрия, Югославия, Австралия), особенно в последнем десятилетии, развернута научно-исследовательская работа по изучению топинамбура и различным направлениям его использования. В Германии, Польше, Венгрии его выращивают, главным образом, как кормовую культуру для выпаса и откорма свиней. Значительные площади занимает топинамбур в Скандинавских странах, в Англии, Японии, КНР, в странах Малой Азии.

Одна из самых высокоурожайных культур мира (зафиксирована урожайность зеленой массы более 2000 центнеров и клубней 1500 центнеров с гектара) — топинамбур — перенес взлеты и падения, неразрывно связанные с историей России. Ирония судьбы этой культуры заключается в том, что топинамбур — «земляк» картофеля и подсолнечника, также завезенных в Европу из Южной и Северной Америки и за 200 лет прижившихся в России настолько, что считаются традиционными культурами, без которых практически и не мыслится сельскохозяйственное производство россиян. Топинамбур же незаслуженно забыт и отнесен к диким «буйным» пришельцам. И это притом, что богатый состав биологически активных веществ топинамбура делает растение благодатной культурой в кормопроизводстве, в диетическом питании, в разработке высокоэффективных лекарственных средств.

Эта книга призвана содействовать дальнейшему распространению культуры топинамбур как в крупных хозяйствах, так и на фермерских плантациях, приусадебных и садово-огородных участках. В первую очередь, она предназначена для тех, кто хочет активно использовать культуру в регионах экстремального земледелия (например, в природно-климатических условиях Сибири и других), создавая единый комплекс по выращиванию, переработке и использованию топинамбура.

Большинство приводимых рецептов использования топинамбура в домашней кухне разработаны и опробованы лично автором, садоводами-опытниками; часть рецептов взята из публикаций начала XX века.

Автор выражает благодарность ученым, специалистам, энтузиастам культуры топинамбур, оказавшим помощь в подготовке книги.

ФУНКЦИОНАЛЬНОЕ ПИТАНИЕ И ТОПИНАМБУР

Сегодняшний мир — это мир стрессов, агрессии, суеты, истощения нервной системы, отчуждения и наркомании.

Сегодняшнее сельское хозяйство — это минеральные удобрения и пестициды, токсическое и радиационное заражение почв.

Сегодняшняя пища — это «стерильные» продукты питания, рафинированные, генетически модифицированные, привлекательные внешне благодаря «безвредным» красящим, вкусовым, консервирующим добавкам.

Еще совсем недавно каждый человек стремился получить достаточное количество калорий, потребляя много жира и сладостей. Мясо рассматривалось как полноценный, придающий силы продукт, и девизом было «что вкусно, то не может навредить». Дело в том, что до последнего времени в обществе господствовала *теория рационального питания*, предусматривающая соблюдение трех основных принципов:

- сбалансированность расхода энергии и поступления ее с пищей;
- удовлетворение потребности человека в определенном количестве и соотношении основных пищевых веществ (белки, жиры, углеводы);
- соблюдение режима питания.

Однако, как выяснилось, просто заботы о «хлебе насущном» и погони за калориями для здоровья недостаточно.

Сегодняшний цивилизованный человек — это упитанный голодающий, так как он не только потребляет пустые калории с белой мукой и сахаром, но и вообще живет за счет малопитательных денатурированных продуктов, а поэтому почти все от младенцев до стариков страдают от дефицита самых необходимых питательных веществ.

В то же время, сегодняшний «человек с улицы» становится все более сознательным и задумывается о ценности своего питания.

В Западной Европе и Америке существует сеть магазинов, которые снабжаются из особой сети пищевой промышленности и биологического садоводства, где применяются природные, биологические методы производства и переработки продуктов.

Сегодня те, кто не надеется на всесилие лекарств, могут обратиться к врачам-натуропатам, специалистам по здоровому образу жизни, решить вопрос об изменении питания и оздоровить таким образом себя и своих близких, так как многочисленные научные исследования последних лет показали, что продукты питания являются для организма не только источником энергии, но и регулируют различные функции и реакции.

В 1989 году в Японии получило официальное признание новое научно-прикладное направление, возникшее на стыке медицинской и пищевой биотехнологии, так называемое *функциональное питание*. Под этим термином, в отличие от общепринятого понятия рационального питания, японские исследователи подразумевают использование таких продуктов естественного происхождения, которые при систематическом употреблении оказывают позитивное регулирующее действие на определенные системы и органы макроорганизма или их функции, улучшая физическое и психическое здоровье человека.

Появлению нового понятия о функциональном питании предшествовал ряд открытий, сделанных в разных странах мира. Так, была установлена связь между конкретными пищевыми ингредиентами и определенными заболеваниями:

- избыток натрия — гипертония;
- дефицит кальция — остеопороз;
- избыток определенных жиров и холестерина — атеросклероз;
- избыток сахара и определенных жиров — ожирение;
- дефицит железа — железодефицитная анемия;

- преобладание легкоферментируемых углеводов — кариес зубов;
- дефицит пищевых волокон — заболевания кишечника и сердечно-сосудистой системы.

Для многих крупных компаний Японии разработка продуктов функционального питания стала стратегическим направлением, так как это в наибольшей степени соответствует запросам потребителей.

Ежегодный прирост японского рынка продуктов функционального питания с момента его официального признания составлял порядка 8% и к 1995 году оценивался 4,5 млрд долларов США, а в 2001 году составил 7 млрд долларов США.

Европейский рынок продуктов функционального питания в 1997 году оценивался в 1,4 млрд долларов США, а в 2003 году его стоимость, по расчетам специалистов, должна была достигнуть 3,3 млрд долларов США, из которых 65% придется на долю молочных продуктов функционального питания, 9% — на долю хлебобулочных изделий, 23% — на долю различных паст и мягких сыров, джемов и др., 3% — на долю напитков. Полагают, что к 2010 году европейский рынок нутрицевтиков (так называют продукты функционального питания) превысит 30% всех реализуемых населению продуктов.

В отечественной науке термин «функциональное питание» длительное время не использовался, хотя отдельные аспекты этого научного направления (в частности, микроэкологические) изучались достаточно долго и глубоко. В российскую литературу термин «функциональное питание» вошел в 1993 году.

Согласно определению Б. А. Шендерова и М. А. Манveловой (1997), функциональное питание — это выбор таких продуктов естественного или искусственного происхождения, которые предназначены для систематического ежедневного употребления и оказывают регулирующее действие на физиологические функции, биохимические реакции, психосоциальное поведение человека посредством нормализации его микроэкологического статуса.

Сегодня известна профилактическая и лечебная эффективность функционального питания при самых разных заболеваниях и синдромах:

- дисбактериозы;
- острые кишечные инфекции;
- хронические воспалительные заболевания толстой и тонкой кишок;
- запоры;
- гастриты, гастродуодениты, язвенная болезнь желудка и двенадцатиперстной кишки;
- аллергические заболевания;
- сахарный диабет;
- гиперхолестеринемия;
- стрессы;
- новообразования.

Список поражает своей масштабностью. Механизм положительного действия нутрицевтиков на состояние здоровья не всегда до конца ясен, и сегодня ведутся тысячи научно-исследовательских работ по углублению знаний в этом вопросе.

Согласно классификации A. Wolen (1990), список классов продуктов функционального назначения достаточно обширен:

- пищевые волокна;
- фруктоолигосахариды;
- аминокислоты, пептиды, протеины;
- гликозиды;
- спирты;
- изопреноиды, витамины;
- холины;
- бифидобактерии и др. молочнокислые бактерии;
- минералы;
- полиненасыщенные жирные кислоты;
- фитопрепараты, антиоксиданты др.

Химический состав топинамбура (табл. 1) обусловливает ценность его как продукта (и сырья для производства продуктов) функционального питания и его лечебные свойства.

Таблица 1

Химический состав топинамбура

Объект анализа	Сухое вещество	В % к абсолютно сухому веществу				
		Протеин	Жир	Клетчатка	БЭВ	Зола
Зеленая масса	18,0	10,0	1,8	18,1	55,0	14,3
Клубни	19,2	11,4	1,0	4,2	78,0	5,8

Примечание: БЭВ — безазотистые экстрактивные вещества.

В топинамбуре достаточно много сухих веществ (до 20%), большую часть которых (до 80%) составляет полимерный гомолог фруктозы — инулин.

Одной из важных особенностей топинамбура является сбалансированность его по микро- и макроэлементному составу — содержит большое количество железа (до 12 мг%), кремния (до 8 мг%), цинка (до 500 мг%). магния (до 30 мг%), калия (до 200 мг%), марганца (до 45 мг%), фосфора (до 500 мг%), кальция (до 40 мг%).

Минеральные вещества выполняют разносторонние функции в организме: обеспечивают построение опорных тканей скелета (Ca, P, Mg, Si), поддерживают необходимую осмотическую среду клеток крови, в которых протекают все обменные процессы (Na, K), участвуют в образовании пищеварительных соков (Cl), гормонов (I, Zn, Cu, Se, Mn), переносчиков кислорода в организме (Fe, Cu), некоторых жизненно важных витаминов и ферментов, без которых немыслимо превращение поступающих в организм пищеварительных веществ (Co, Si).

Топинамбур активно аккумулирует из почвы кремний, и в клубнях содержание этого элемента составляет до 8% в расчете на сухое вещество. По содержанию кремния, а также железа и цинка растение превосходит картофель, морковь и свеклу.

Пектиновых веществ в топинамбуре содержится до 11% от массы сухого вещества. Растение также содержит клетчатку.

По содержанию витаминов B_1, B_2, С топинамбур богаче картофеля, моркови и свеклы более чем в 3 раза. А в 1 кг зеленой массы содержится 60–130 мг каротина.

Существенное отличие топинамбура от других овощей проявляется высоким содержанием в его клубнях белка (до 3,2% на сухое вещество), представленного различными аминокислотами, в том числе незаменимыми, то есть теми, которые синтезируются только растениями и не синтезируются в организме человека: аргинин, валин, гистидин, изолейцин, лейцин, лизин, метионин, триптофан, фенилаланин. В сухом веществе стеблей с листьями более 4% приходится на триптофан и лейцин.

Количество органических кислот в процессе онтогенеза растений может составлять от 8 до 12 % сухого веса листьев. Органические кислоты представлены в листьях топинамбура не только ди- и трикарбоновыми кислотами цикла Кребса, но и полиоксикислотами, которые являются кислотами первичного окисления сахаров. Среди ди- и трикарбоновых кислот в ростках и листьях топинамбура содержатся яблочная, фумаровая кислоты, а также в значительно меньших количествах лимонная и янтарная кислоты.

Богатый состав биологически активных веществ топинамбура делает это растение очень перспективным с точки зрения функционального питания. Растение представляет интерес и как исходное сырье для создания высокоэффективных лекарственных средств.

От других овощей топинамбур отличает, прежде всего, уникальный углеводный комплекс на основе фруктозы и ее полимеров: фруктоолигосахариды и инулин.

Поговорим подробнее о полезных веществах в составе топинамбура.

ФРУКТООЛИГОСАХАРИДЫ

Фруктоолигосахариды представляют собой смесь коротких цепочек глюкозы и фруктозы. Они утилизируются большинством штаммов бифидобактерий, а также некоторыми культурами лактобактерий. При употреблении фруктоолигосахаридов в кишечнике происходит нормализация микробного статуса с увеличением абсорбции из кишечника ионов кальция и магния. Учитывая низкую калорийность фруктоолигосахаридов, их можно рекомендовать людям, страдающим сахарным диабетом и ожирением.

Коммерческие препараты фруктоолигосахаридов представлены три-, тетра- и пентасахаридами глюкозы и фруктозы. Основное количество их потребляется в Японии. Так, в 1997 году в Японии было произведено фруктоолигосахаридов на 1 млрд. йен, из этого количества 75% использовали в стране, а 25% — экспортировали в США и Францию.

В настоящее время фруктоолигосахариды включены в более чем 500 традиционных японских продуктов (детское питание, хлеб, кофейные напитки и др.).

Некоторые исследователи считают, что именно широкое использование фруктоолигосахаридов в Японии является важным фактором низкой смертности жителей этой страны от новообразований (в частности, от рака толстой кишки), способствует поддержанию здоровья нации и увеличению продолжительности жизни.

ИНУЛИН

Особое качество топинамбура — способность концентрировать в себе редкое биологически активное вещество инулин, расщепляющийся в организме человека до фруктозы, столь необходимой людям, страдающим сахарным диабетом. Инулин — единственный природный полисахарид, на 95% состоящий из фруктозы. Сироп, полученный при гидролизе инулина, экстрагированного из клубней топинамбура, содержит около 80% фруктозы. Этот сироп при использовании в пищу положительно влияет на содержание холестерина и мочевой кислоты в организме человека и стабилизирует количество глюкозы в крови.

Обнаружен инулин был в 1804 году в корнях девясила, от латинского наименования которого — Inula helenium L. — он и получил свое название.

В качестве резервного углевода инулин накапливается также в корнях цикория, одуванчика и некоторых других растениях, однако в несоизмеримо меньших количествах.

Он гигроскопичен, легко растворим в горячей воде и мало растворим в холодной воде. Количество инулина в топинамбуре зависит от сорта, природных условий и способа хранения растения. Он легко расщепляется до D-фруктозы.

В настоящее время науке известны три формы инулина:

- α-инулин (белый аморфный порошок);
- β-инулин (бесцветные кристаллы);
- γ-инулин.

Различаются эти формы молекулярной массой, степенью полимеризации, температурой растворения, способом получения и т. д. Первая, α-форма, образуется при вымораживании инулина из раствора; вторая, β-форма — при осаждении спиртом, третья, γ-форма — после осуществления целого ряда процессов, связанных с воздействием различных температур. Все формы взаимопревращаемые.

В течение всего времени нахождения в организме человека — начиная от попадания в желудок и заканчивая выделением — инулин проявляет свое благотворное влияние. Попадая в желудочно-кишечный тракт, он расщепляется соляной кислотой и ферментами на отдельные молекулы фруктозы и короткие фруктозные цепочки, проникающие в кровеносное русло. Оставшаяся нерасщепленной часть инулина быстро выводится, связав собой большое количество ненужных организму веществ, таких как тяжелые металлы, радионуклиды, кристаллы холестерина, жирные кислоты, различные токсические химические соединения, попавшие в организм с пищей или образовавшиеся в процессе жизнедеятельности болезнетворных микробов, живущих в кишечнике. Кроме того, инулин значительно стимулирует сократительную способность кишечной стенки, что заметно ускоряет очищение организма от шлаков, непереваренной пищи и вредных веществ. Антитоксический эффект инулина усиливается за счет действия клетчатки, также содержащейся в топинамбуре.

Всосавшиеся в кишечнике короткие фруктозные цепочки и в крови продолжают выполнять антитоксическую, очищающую функцию, связывая, обезвреживая и облегчая выведение из организма вредных продуктов обмена веществ и попавших из внешней среды химических соединений.

Инулин является хорошим средством при дисбактериозах кишечника различного происхождения, поскольку способствует размножению в пищеварительном тракте «дружественных» микроорганизмов (бифидо- и лактобактерий).

Инулин уменьшает всасывание из пищи глюкозы. Назначение взрослым здоровым добровольцам по 9 г инулина ежедневно показало, что люди с высоким исходным содержанием бифидобактерий практически не реагируют на назначение инулина, в то время как при сниженном исходном содержании бифидофлоры отмечалось резкое возрастание этих микроорганизмов в кишечном содержимом. Одновременно происходило усиление абсорбции различных минеральных солей, в особенности кальция, снижение уровня холестерина в сыворотке крови, уменьшение содержания канцерогенов и гнилостных веществ (Шендеров Б. А., 2001).

В составе муки, приготовленной из топинамбура, инулин включается как один из компонентов в комбинированные пробиотики, широко используемые в США и Европе в качестве средства для профилактики и лечения многих заболеваний. Употребление инулина в виде пищевой добавки стимулирует синтез витаминов и активизирует иммунные механизмы защиты.

В экспериментах на животных установлен противоопухолевый эффект инулина.

Сегодня в разных уголках мира продолжаются работы по изучению возможного лечебно-профилактического использования инулина. Результаты этих работ докладывают на ежегодных международных семинарах по инулину, последний из которых состоялся в апреле 2002 года в Будапеште.

ФРУКТОЗА

Фруктоза — диетический сахар, который способен участвовать в тех же обменных процессах, что и глюкоза, замещая ее в случаях относительной или абсолютной нехватки инсулина.

Фруктоза является непременной составной частью топинамбура. Содержание ее может быть различным в зависимости от времени сбора урожая, продолжительности хранения и других факторов. Образуется она из инулина в результате биохимических процессов, происходящих в корнях и клубнях.

КРЕМНИЙ

Как уже говорилось, топинамбур активно аккумулирует кремний из почвы и относится к «кремнефильным» растениям.

По современным представлениям, кремний относится к группе элементов, необходимых для нормального роста и развития организма животных и человека. Это структурный элемент организма, который упорядочивает обмен веществ и усвоение микро- и макроэлементов. При снижении его уровня до критической отметки человек становится хронически тяжелобольным, мозг не может контролировать процессы роста, развития и жизнеобеспечения — жизнь затихает в организме человека. Говорят даже о явлении «силикотропизма» живых тканей.

Кремний содержится в гипофизе, в твердой мозговой оболочке и в белом веществе головного мозга, в хрусталике глаза и щитовидной железе, в тканях почек, сердца и других органов. Кремний входит в состав эластина кровеносных сосудов, и при атеросклерозе, когда содержание кремния в соединительной ткани резко падает, наблюдается снижение эластичности стенок артерий и увеличивается их проницаемость. Более 70 элементов периодической таблицы не усваиваются, если в организме не хватает кремния.

Особенно велика потребность живого организма в биофильном кремнии. Биофильный кремний — это часть растительного (органического) кремния, химически связанная с фосфолипидами, белками, пектинами, которые в первую очередь усваиваются организмом.

Пожирателями кремния и главными разрушителями экологии человека являются гельминты (Семёнова Н. А., 2002). Обследованные онкологами больные имеют низкий уровень кремния и высокий процент паразитов (глисты — более 42%, грибы — 35–50%). Возможно, благодаря кремнию, топинамбур не только улучшает результаты антигельминтной терапии, но и самостоятельно способен вызвать массовую гибель паразитов при лямблиозе и описторхозе.

Кремний не часто встретишь в типичных полимикроэлементных добавках. В то же время ведущие специалисты во всем мире считают этот минерал абсолютно незаменимым. Он необходим для формирования коллагена — белка соединительной ткани. Он способствует питанию и здоровью волос, ногтей и кожи, помогает костям поглощать кальций.

Существует рекомендация: всем ежедневно принимать не менее 2 мг, а женщинам от 3 до 6 мг кремния, чтобы застраховаться от снижения плотности костной ткани.

В 1999 году Роспатент зарегистрировал заявку на открытие «Комплексное оздоровление человека на основе препаратов кремния».

СЕЛЕН И СВОБОДНЫЕ РАДИКАЛЫ, АНТИОКСИДАНТЫ

Селен — один из 19 жизненно необходимых для человека элементов. Он входит в состав глютатионпероксидазы, фермента, присутствующего практически во всех клетках и биологических жидкостях человека и животных, способного справиться с самыми агрессивными свободными радикалами.

Свободные радикалы — это высокореактивные недоокисленные продукты, образующиеся в ходе обменных процессов. Им не хватает одного электрона, охотясь за которым они проникают в источники энергии клетки — митохондрии, чтобы забрать недостающий электрон у них. Процесс получения энергии в клетке нарушается, и она сгорает.

В небольшом количестве свободные радикалы крайне необходимы: они находят больные клетки и уничтожают их. Так же они поступают с бактериями и вирусами. Но если свободных радикалов слишком много, то они нападают на здоровый организм. Существует мнение, что любая болезнь начинается, когда свободные радикалы выходят из-под контроля. Спровоцировать избыточное образование свободных радикалов — «свободнорадикальный взрыв» могут неблагоприятные факторы (стрессы, ультрафиолетовое облучение, курение).

Против разбушевавшихся свободных радикалов в организме действует система антиоксидантной защиты — кроме селена, это витамины С, Е, бета-каротин, различные ферменты и некоторые кислоты.

Дефицит селена снижает барьер перед самыми грозными заболеваниями — рак, сердечно-сосудистые заболевания, СПИД, псориаз, преждевременное старение.

По данным Института питания РАМН, недостаток селена в пищевом рационе наблюдается более чем у 80% россиян. Устранение дефицита селена приводит к значительному снижению числа онкозаболеваний, болезней сердечно-сосудистой системы, защищает от вредной экологии.

Основной путь поступления селена алиментарный: 90% селена человек получает с пищей и 10% — с водой. Усвоение растворимых форм селена (большая часть селена всасывается в двенадцатиперстной кишке и других отделах кишечника) определяется характером пищи.

Топинамбур не содержит селена. Но иркутские ученые провели интересное исследование на примере двух групп детей с низким уровнем селена в крови. Дети одной группы получали селенсодержащие пищевые добавки, другой — только топинамбур. Обследование после проведенного лечения показало, что уровень селена в крови у детей, принимавших топинамбур, был выше по сравнению с детьми, получавшими селенсодержащие БАД.

Авторы считают, что топинамбур способствует усвоению селена, получаемого с пищей. Это особенно важно потому, что потребность организма в селене меняется и зависит от возраста, пола, качества питания, наличия медицинских показаний, экологической нагрузки и от того, сколько в данный момент в организме свободных радикалов.

Используя топинамбур, можно помочь нашему мудрому организму получить столько селена, сколько ему надо.

ВИТАМИНЫ

Топинамбур – поливитаминное растение. И хотя его зеленая масса богаче витаминами, чем клубни, однако последние превосходят по их содержанию, например, картофель.

В витаминном составе клубней топинамбура выделяется аскорбиновая кислота – витамин С (его в топинамбуре больше, чем в картофеле в 30–50 раз) и биотин – витамин B_7 (его в топинамбуре больше, чем в картофеле в 5 раз).

В целом же витаминный состав клубней топинамбура таков (мг% к массе сухого вещества):

- С – 98,1–108,1;
- B_1 – до 1,2;
- B_2 – 4,0–7,9;
- B_3 – 2,4–8,8;
- B_5 – 0,2–0,9;
- B_6 – 0,12–0,22;
- B_7 – 10,0–24,0.

ОРГАНИЧЕСКИЕ ПОЛИОКСИКИСЛОТЫ

Органические полиоксикислоты составляют 6–8% от сухой массы топинамбура.

К органическим полиоксикислотам относятся: лимонная, яблочная, малоновая, янтарная, фумаровая кислоты. Эти кислоты активно участвуют в обмене веществ, повышают секреторную активность слюнных желез, усиливают выделение желчи и панкреатического сока, улучшают пищеварение, в частности способствуя усвоению пищевых продуктов, в которых кислот очень мало, и моторную функцию кишечника, растворяют нежелательные отложения (соли мочевой кислоты), обладают бактерицидным действием, нормализуют кислотно-щелочное равновесие.

В комплексе с витамином С органические кислоты обладают ярко выраженным антиоксидантным действием.

ПЕКТИНОВЫЕ ВЕЩЕСТВА

Это полисахариды, присутствующие в топинамбуре в количестве 11% от массы сухого вещества. Пектины были открыты более 200 лет назад и впервые выделены из корнеплода топинамбура. Они обладают адсорбирующими, комплексообразующими свойствами. Благодаря адсорбирующим свойствам, пектины выводят из организма ядовитые вещества, холестерин, триглицериды, которые являются основными виновниками развития атеросклероза и желчнокаменной болезни. Научные исследования дают основание предполагать, что пектины могут снижать накопление атеросклеротических бляшек на стенках сердечных артерий.

Комплексообразующие свойства (способность образовывать комплексы с ионами тяжелых металлов) позволяют использовать пектины как профилактическое средство в условиях профессионального риска — при контакте с соединениями тяжелых металлов, пестицидами, радиоактивными веществами.

Идеи пектинопрофилактики были изложены в научных трудах известного токсиколога, академика АМН И. Трахтенберга. В 1998 году была создана «инструкция по применению пектиновых веществ в условиях радиоактивного загрязнения», которая рекомендовала профилактическую дозу для взрослого человека — 3 г в день, для ребенка — 1 г в день.

Исследования, проведенные в разных регионах Украины показали, что после приема пектина содержание в организме радионуклидов уменьшалось на 40–50%.

КЛЕТЧАТКА

Долгое время ученые были убеждены, что клетчатка не нужна организму и даже вредна. Еще в середине XX столетия диетологи уверяли: очищенные продукты — самые полезные, и мир наслаждался очищенной рафинированной пищей до тех пор, пока не стал заметен настораживающий факт: чем более рафинированную пищу употреблял человек, тем больше одолевали его гастриты, колиты, панкреатиты, холециститы, злокачественные опухоли.

По мнению Bengmark S. (1998), низкое содержание в пище клетчатки — важный этиологический фактор развития рака толстой кишки, дивертикулеза, запоров, ожирения, тромбоза сосудов.

Сегодня клетчатка наконец-то заняла свое законное место рядом с белками, жирами, углеводами, микроэлементами и витаминами. Сейчас ясно, что клетчатка целебна и необходима организму. Она действует подобно хорошей метле: «очищая» тончайшие ворсинки, выстилающие внутреннюю поверхность кишок, не давая им слипаться. Клетчатка впитывает в себя большое количество жидкости, облегчает опорожнение кишечника, избавляет от колитов, гастритов и запоров.

Набухшая клетчатка, продвигаясь по кишечнику, удаляет из него вредные химические вещества, мутагены, канцерогены, провоцирующие развитие злокачественных опухолей. Также она помогает снижать уровень сахара и холестерина в крови.

Пища, бедная клетчаткой, обеспечивает меньшее насыщение, и, может быть, поэтому люди начали переедать. В результате повысился риск ожирения, гипертонии, диабета.

Клетчатка в достаточном количестве содержится в цельнозерновых продуктах, фруктах, но в них в то же время очень много углеводов, поэтому лучше предпочесть клетчатку из топинамбура.

БЕЛКИ

Белков в топинамбуре относительно высокое количество (3,2% на сухое вещество) и представлены они 16 аминокислотами, в том числе 8 незаменимыми, которые не синтезируются в организме человека.

В ряде работ белок топинамбура характеризуется как биологически полноценный, но в результате проведенных исследований было установлено, что молодые крысы развивались плохо, если белок топинамбура был единственным источником азота, это позволило сделать вывод, что биологическая ценность белка топинамбура мала.

Анализ аминокислотного состава показывает, что белок топинамбура достаточен по лейцину, треонину, триптофану, фенилаланину и тирозину, но лимитирован по лизину, что характерно для большинства растительных белков. В то же время, по данным Новосибирского научно-исследовательского института клинической иммунологии Сибирского отделения РАМН, имеющиеся в топинамбуре белковые соединения очень близки по своей структуре белкам вилочковой (тимуса) железы и обладают свойствами, практически идентичными свойствам этих белков.

ОЧИСТИТЕЛЬНАЯ БИОКОРРЕКЦИЯ ОРГАНИЗМА И ТОПИНАМБУР

Всеми болезнями мы обязаны наличию следующих факторов, по отдельности или вместе: 1. Попадание в организм излишних или прямо-таки ядовитых веществ. 2. Отсутствие жизненно важных веществ.

Аре Ваэрланд

Приведенный эпиграф в краткой форме указывает на суть всех когда-либо существовавших и существующих оздоровительных систем: сначала организм надо очистить, а потом дать ему необходимое разнообразие углеводов и белков, витаминов и микроэлементов. Причем, не так, что сегодня — кальций, а через месяц — кремний и витамины, а все одновременно.

ОРГАНЫ ПИЩЕВАРЕНИЯ И МИКРОБНАЯ ЭКОЛОГИЯ

Органы пищеварения постоянно отражают атаки неполноценной и рафинированной пищи, нерегулярного питания, стрессов, интоксикации, неблагоприятной внешней среды. Следствием таких атак являются хронические гастриты и дуодениты, холециститы и панкреатиты, энтероколиты, запоры, поносы, поражения печени. Очень большую роль в возникновении этих заболеваний играет нарушение нормальной микрофлоры кишечника.

Микробную экологическую систему кишечника рассматривают как своеобразный орган, играющий важную роль не только в обеспечении защитной, иммуностимулирующей, витаминообразующей, ферментативной функции организма хозяина, но и в регуляции содержания холестерина в крови, нормализации кровяного давления. На состав микрофлоры кишечника оказывают влияние: возраст, пища, состояние окружающей среды и питьевой воды, а также время года, различные заболевания, стрессы, антибактериальная и другая терапия.

Особенно обильна микрофлора нижних отделов пищеварительного тракта: суммарно в кишечнике взрослого человека находится более 1 кг микроорганизмов.

Представители нормальной микрофлоры присутствуют в организме человека в виде микроколоний, заключенных в биопленку. Биопленка, как перчатка руку, покрывает кожу и слизистые открытых окружающей среде полостей здорового человека и именно она регулирует взаимоотношения между организмом и окружающей средой.

В здоровом организме 90% всех бактерий толстого кишечника составляют бифидум-бактерии. Другой важной дружественной нам группой бактерий являются лактобактерии.

В процессе своей жизнедеятельности эти бактерии образуют органические кислоты, которые препятствуют размножению в кишечнике гнилостной микрофлоры, сдерживают развитие патогенных и условно-патогенных микроорганизмов, защищая от кишечной инфекции всех нас, а особенно детей раннего возраста.

Теряя бифидобактерии, человек становится уязвим для 98% пищевых аллергий, тяжелых простудных заболеваний. Снижение количества бифидобактерий или даже их полное исчезновение лежит в основе патогенетических механизмов длительных кишечных дисфункций у детей и взрослых. Оно ведет к нарушению минерального обмена, процессов кишечного всасывания, белкового и жирового обмена, к формированию хронических расстройств пищеварения. Имеются сведения, что бифидобактерии являются «поставщиками» ряда незаменимых аминокислот, в том числе триптофана, витаминов, установлена их антиканцерогенная и антимутагенная активность, способность снижать уровень холестерина в крови.

Возникающая интоксикация организма приводит к тому, что существующие болезни становятся хроническими. Причем даже острое пищевое отравление — ерунда по сравнению с количеством тех ядов, которые всасываются ежедневно в кровь через стенки кишечника при отсутствии в нем благодатной микрофлоры. По мнению Б. А. Шендерова (2001), нормальная микрофлора является тем первичным неспецифическим барьером, лишь после прорыва которого инициируется включение всех последующих (неспецифических, специфических и биохимических) механизмов защиты макроорганизма.

Нарушение нормального количественного и качественного состава микрофлоры кишечника, возникающее под влиянием различных причин, трактуется как дисбактериоз кишечника. Диагноз «дисбактериоз» отсутствует в международном классификаторе заболеваний человека, принятом в нашей стране, как и во всем мире. Сегодня очевидным является тот факт, что дисбактериоз кишечника следует считать не заболеванием, а симптомокомплексом, который всегда вторичен и опосредован основным заболеванием. По данным В. В. Покровского (1999), частота распространения дисбактериоза у россиян в наши дни достигла 90%.

Долгие годы основным средством лечения дисбактериоза были традиционные бактериологические препараты: «Бифидобактерии», «Лактобактерии», «Наринэ» и другие. Но в последнее время, наряду с этими препаратами, стали применять средства с бифидогенными свойствами — пребиотики.

Пребиотики — это биоактивные вещества, избирательно стимулирующие рост и активность нормальной микрофлоры, являясь энергетическим субстратом для бифидобактерий. Замечательными пребиотическими свойствами обладает топинамбур. К. Николаева (2001) относит топинамбур к группе солнечных продуктов. Он прекрасно воспринимается бифидо- и лактобактериями, стимулирует их рост, быстро устанавливая необходимый микробиологический баланс. Нормализующее влияние на микрофлору кишечника топинамбур оказывает как в сочетании с живыми бифидобактериями («Бифинормолайзер», «Мука иерусалимского артишока») в комплексе с другими натуральными средствами («Вита-спирулина», «Вита-черника»), так и в монопродуктах топинамбура (таблетки, порошок) и в традиционных блюдах из него.

ЗНАЧЕНИЕ ТОПИНАМБУРА ДЛЯ ЖЕЛУДОЧНО-КИШЕЧНОГО ТРАКТА

Уникальный химический состав топинамбура оказывает благотворное влияние абсолютно на все звенья и механизмы развития болезней системы пищеварения, что нашло свое подтверждение в результатах ряда независимых друг от друга исследований, проведенных в разные годы и в различных клиниках и институтах.

Во-первых, инулин, которым так богат топинамбур, выполняет функцию на редкость активного сорбента, способного связать и вывести из организма большое количество токсических и балластных веществ, попадающих внутрь с пищей или образующихся в кишечнике в процессе пищеварения.

Во-вторых, тот же инулин заметно стимулирует двигательную активность желудочно-кишечного тракта (моторику и перистальтику).

В-третьих, инулин и короткие фруктозные цепочки (фрагменты инулина) обладают выраженным желчегонным действием, которое усиливается в связи с облегчением оттока желчи из печени и желчного пузыря в двенадцатиперстную кишку, обусловленным улучшением опорожнения кишечника.

В-четвертых, содержащиеся в обилии в составе топинамбура органические полиоксикислоты нейтрализуют болезнетворное влияние агрессивных свободных радикалов и недоокисленных продуктов обмена. При этом в просвете кишечника устанавливается физиологическая щелочная реакция, необходимая для нормального ферментативного переваривания пищи.

В-пятых, топинамбур обеспечивает повышение устойчивости к бактериальным и вирусным инфекциям органов пищеварения, а также к внедрению различных паразитов (лямблий, описторхисов и т. д.). Создает оптимальные условия жизни для нормальной микрофлоры кишечника (бифидум- и коли-бактерии), чем, в частности, объясняется явный позитивный эффект топинамбура при дисбактериозе.

В-шестых, описана уникальная способность топинамбура значительно увеличивать эффективность специфического противопаразитарного лечения (описторхоза, лямблиоза) и даже вызывать массовую гибель паразитов без использования фармпрепаратов.

В-седьмых, топинамбур, обладая антисклеротическим действием и улучшая свойства сосудистой стенки и реологические показатели крови, усиливает кровоснабжение слизистых оболочек всех отделов желудочно-кишечного тракта, а также поджелудочной железы, вырабатывающей большое количество пищеварительных ферментов и гормонов. Указанные сосудистые эффекты заметно стимулируют процессы регенерации (восстановления) пораженных болезнью тканей и, следовательно, играют важную роль в лечебном действии топинамбура при таких хронических воспалительных заболеваниях, как гастрит, дуоденит, энтерит, колит, панкреатит и др., а также при язвенной болезни желудка и двенадцатиперстной кишки. Так, многочисленные клинические наблюдения свидетельствуют о том, что болевой синдром, тошнота, рвота, изжога, горечь во рту, вздутие живота, расстройство стула (как поносы, так и запоры) при лечении обычными фармакологическими средствами в сочетании с топинамбуром исчезают на 5–7 дней быстрее, чем при стандартном лечении без него. Более того, во многих неосложненных случаях желудочно-кишечных заболеваний только включение в лечебное питание топинамбура позволяет добиться выздоровления или стойкой ремиссии.

Чрезвычайно важно следующее: топинамбур — прекрасное средство профилактики обострения хронических болезней системы пищеварения в традиционно критические сезоны года (осень и весна), в стрессовых ситуациях, при заболеваниях других органов или вирусных инфекциях, когда рецидивы язвенной болезни, панкреатита или гастрита развиваются очень часто.

По данным Е. И. Кривицкой (2001), введение топинамбура в рацион детей с функциональной патологией желудка нормализует не только моторно-эвакуаторную функцию желудочно-кишечного тракта, но и обеспечивает оптимальную работу антиоксидантных и иммунных систем. Учитывая корреляционную связь между раком желудка и частотой заболевания органов пищеварения у взрослых и детей, можно рекомендовать употребление топинамбура для профилактики не только хронической патологии органов пищеварения, но и для первичной профилактики рака желудка в экологически неблагополучных регионах.

Печень является второй линией обороны против бактерий. Печень — это центральная химическая лаборатория нашего тела, склад запасов и горючего, это — обезвреживание ядов и еще 500 разных функций. Человек без печени может прожить только несколько часов.

Человеческий организм питает только та часть продуктов, которую он в состоянии переварить и усвоить, а не все те продукты, которые он съедает. Поэтому излишки питания тоже обременяют печень.

Топинамбур, в силу своих удивительных свойств, оказывает комплексное влияние на функциональную активность печени. Улучшая утилизацию глюкозы, он способствует синтезу гликогена, а значит, обеспечивает более высокий уровень энергетического обмена, что, в свою очередь, стимулирует процессы синтеза белка, холестерина, желчных кислот и т. д.

Инулин, восстанавливая деятельность желудочно-кишечного тракта и, за счет своих свойств сорбента, частично обезвреживая токсические вещества в кишечнике и крови, значительно разгружает печень в этом смысле и сохраняет ее потенциальные возможности, столь необходимые организму в борьбе с различными заболеваниями и вредоносными факторами внешней среды.

Доказательства способности топинамбура защищать печень от болезнетворных влияний (гепатопротекторное действие) получены в клинических исследованиях.

Топинамбур, в отличие от многих фармакологических препаратов, не только не противопоказан при большинстве болезней печени, но является одним из наиболее эффективных и перспективных средств при остром и хроническом гепатите вирусного, алкогольного, токсического, аутоиммунного происхождения, циррозе, жировом перерождении.

САХАРНЫЙ ДИАБЕТ И ТОПИНАМБУР

В последние 10–15 лет заболеваемость сахарным диабетом в развитых странах, в число которых входит и Россия, неуклонно растет. Это связано со многими факторами нашей жизни. Прежде всего, с гиподинамией, то есть малоподвижным образом жизни. Кроме того, мы злоупотребляем рафинированными, то есть очищенными от необходимой организму клетчатки продуктами, о чем уже говорилось выше. Мы едим гораздо больше того, чем это необходимо для восстановления энергетических затрат. Употребляем в пищу слишком много жиров животного происхождения (копченые колбасы, сосиски, сардельки, бекон и т. п.). Любим сладкое и не знаем в этом меры. Все это в комплексе и способствует развитию сахарного диабета II типа, который, по данным Всемирной организации здравоохранения, занимает третье место по распространенности после онкологических заболеваний и болезней сердечно-сосудистой системы.

Сахарный диабет в настоящее время принято подразделять на инсулинозависимый (I тип) и инсулинонезависимый (II тип).

Сахарным диабетом I типа чаще всего заболевают дети или молодые люди до 30 лет. Он характеризуется тем, что в организме перестает вырабатываться свой собственный гормон инсулин, необходимый для усвоения глюкозы, и нормальный обмен веществ становится возможен лишь при постоянном введении препаратов инсулина. При сахарном диабете II типа своего инсулина в организме достаточно, иногда даже слишком много, но по целому ряду причин он становится неэффективным, вследствие чего и возникает заболевание. Этот тип диабета встречается гораздо чаще (70–80% всех случаев диабета). Возникает он, как правило, после 40 лет, а чаще всего — в 50–60-летнем возрасте.

Существует генетическая предрасположенность к этому заболеванию, причем наследуется не собственно сахарный диабет, а определенный комплекс разнообразных нарушений обмена веществ, который, если не принять мер, в конечном счете и приводит к болезни. Считается, что в каждом следующем поколении сахарный диабет II типа может проявиться в более раннем возрасте.

Еще один важный фактор риска — ожирение. Причем важен тип отложения жира. Если он скапливается в основном в области живота, то шансов заболеть диабетом II типа гораздо больше, чем при равномерно-пропорциональном отложении жира.

Организм старается самостоятельно бороться и с последствиями неправильного образа жизни, и с наследственными нарушениями обмена веществ. Поэтому самый главный симптом сахарного диабета — повышенное содержание сахара в крови — возникает только тогда, когда организм уже не в состоянии слаженной работой многих органов и систем компенсировать те нарушения, которые подспудно развивались в течение многих лет.

Самые заметные проявления диабета — сухость во рту, сильная жажда, частое мочеиспускание, кожный зуд, быстрая утомляемость, слабость, медленное заживление мелких ранок и царапин. При появлении этих признаков обязательно проверьте уровень сахара в крови.

Сахар, а точнее глюкоза, обеспечивает организм энергией, являясь самым доступным ее источником. Но глюкоза должна быстро и беспрепятственно попасть в клетки организма. А самостоятельно глюкоза в большинство клеток организма попасть не может. Для этого необходим вырабатываемый поджелудочной железой гормон — инсулин.

Он как бы открывает для глюкозы вход в клетки. Если своего инсулина нет (как при сахарном диабете I типа) или если он по ряду причин неэффективен, глюкоза остается в крови. В этих условиях развивается резкое энергетическое голодание клеток, из-за чего нарушается нормальное течение всех обменных процессов, а глюкоза в высоких концентрациях циркулирует в крови, что и вызывает необратимые осложнения при сахарном диабете. Это состояние можно охарактеризовать как «голодание при изобилии».

Считается, что не меньше половины всей пищи должны составлять углеводы. В организме они превращаются в глюкозу. Из наиболее употребляемых в России продуктов это, кроме сахара, картошка, рис, гречка, овсянка, мука и все изделия из нее. Богаты углеводами все фрукты, мед. Опасность представляют те углеводистые продукты, которые слишком быстро поставляют глюкозу в кровь. Это сахар в непосредственном и скрытом виде. Уже в ротовой полости он мгновенно расщепляется и превращается в глюкозу, которая моментально поступает в кровеносное русло. Концентрация сахара в крови при этом резко возрастает, и если инсулин недостаточно эффективен, то он не может быстро справиться с утилизацией глюкозы. Поэтому при сахарном диабете или при угрозе этого заболевания следует включать в рацион (в разумных количествах) те углеводы, которые в кровь «идут» (крупы, фрукты, мед), и исключать из него те, которые в кровь «бегут».

Кроме того, повышенный уровень глюкозы в крови подавляет выработку собственного инсулина в островках поджелудочной железы, что поддерживает развитие болезни.

В такой ситуации организм пытается использовать жиры, но полного сгорания жирных кислот тоже не происходит. В результате в организме в большом количестве накапливаются вредные промежуточные продукты (ацетон, ацетоуксусная кислота и т. п.), обладающие выраженным токсическим действием на сосудистую стенку во всех органах. Сосуды становятся ломкими и легко рвутся, происходят множественные кровоизлияния во всех жизненно важных органах. Синтез белка резко снижен из-за недостатка энергии и пластического материала, образующегося при утилизации глюкозы.

Вследствие потери организмом огромного количества жидкости и солей грубо нарушается водно-солевой обмен, ни один орган не может нормально работать, и больного может спасти только своевременное назначение инсулина.

Тяжесть течения сахарного диабета I типа определяется поражением сосудов, приводящим к хронической почечной недостаточности, гангрене конечностей, артериальной гипертонии, слепоте.

Все компоненты топинамбура оказывают благотворное действие при этом заболевании.

Во-первых, регулярное применение топинамбура снижает уровень сахара в крови. Причины этого эффекта следующие.

Молекулы инулина, нерасщепленные соляной кислотой в желудке, адсорбируют значительное количество пищевой глюкозы после еды.

Клетчатка тоже сорбирует глюкозу, препятствуя ее всасыванию в кровь.

Уменьшается глюконеогенез (образование глюкозы в печени).

Стимулируется сжигание глюкозы по резервному пути (гликолиз), где роль инсулина не так велика.

Стабильное снижение уровня глюкозы в крови приводит к выработке собственного инсулина клетками поджелудочной железы.

Синтезу инсулина способствуют кремний, цинк, марганец, калий.

Во-вторых, фруктоза, поставляемая организму топинамбуром, обладает уникальной способностью проникать в клетки всех органов без участия инсулина и полноценно замещать глюкозу в обменных процессах. При этом значительно уменьшается энергетический клеточный голод. Более того, короткие фрагменты молекул инулина, встраиваясь в клеточную стенку, облегчают прохождение внутрь клетки и самой глюкозы, хотя и в относительно небольших, по сравнению с нормой, количествах. Все это ведет к существенному и стойкому снижению концентрации сахара в крови, которое не сопровождается резкими колебаниями этого показателя в течение суток. А ведь именно это и является первостепенной задачей при лечении инсулинозависимого сахарного диабета.

В-третьих, инулин, клетчатка и пектин связывают и выводят из организма ацетон и другие продукты нарушенного обмена веществ, препятствуя развитию ацидоза.

В-четвертых, короткие фруктозные фрагменты и органические полиоксикислоты выполняют антиоксидантные и антитоксические функции.

В-пятых, улучшается состояние сосудов и, соответственно, уменьшается тяжесть осложнений.

В-шестых, улучшаются иммунологические показатели крови и уменьшается склонность больных к инфекционным заболеваниям.

Сахарный диабет II типа

Этот тип сахарного диабета встречается в 70–80% всех случаев заболевания. Он поражает, в основном, людей в зрелом и пожилом возрасте, с одинаковой частотой мужчин и женщин.

Как правило, к моменту начала болезни такие пациенты имеют избыточную массу тела, а среди их родственников часто встречаются ожирение, атеросклероз, гипертония, ишемическая болезнь сердца, сахарный диабет. Начало сахарного диабета II типа (инсулинонезависимого) постепенное, бессимптомное.

Как уже говорилось, при сахарном диабете II типа инсулина в организме достаточно, а иногда даже слишком много, но по целому ряду причин он становится неэффективным. Низкая чувствительность к инсулину приводит к повышению уровня глюкозы в крови. Но так как при сахарном диабете II типа функции инсулина утрачены не полностью, то нарушения в обмене веществ не бывают столь грубыми и не развиваются так быстро, как при сахарном диабете I типа: не бывает кетоацидоза, не очень высокий уровень гипергликемии.

В начале болезни организм усиливает секрецию инсулина, чтобы компенсировать слабую чувствительность к нему, но затем клетки поджелудочной железы истощаются, повышается содержание глюкозы в крови, уровень холестерина и триглицеридов. Значительная часть циркулирующей в кровяном русле глюкозы не усваивается клетками органов, попадает в клетки жировой ткани и превращается в жир. Всё это способствует быстрому развитию атеросклероза и ожирения: идет поражение крупных сосудов, возможны инфаркт миокарда и инсульт головного мозга.

Сахарный диабет II типа часто сопровождается различной патологией желудочно-кишечного тракта, снижением функций желез внутренней секреции (щитовидная железа, половые железы) и проявлениями иммунодефицита.

При сахарном диабете II типа на фоне приема топинамбура происходит следующее.

Во-первых, снижается и часто нормализуется содержание сахара в крови за счет снижения всасывания глюкозы из кишечника в кровь; активации усвоения глюкозы; усиления чувствительности клеток к инсулину (уменьшение инсулинорезистентности); увеличения выработки собственного инсулина; увеличения образования гликогена в печени.

Во-вторых, улучшается жировой обмен; снижается уровень холестерина и триглицеридов в крови, что предотвращает дальнейшее развитие атеросклероза и связанных с ним осложнений.

В-третьих, уменьшается масса тела у больных с сопутствующим ожирением.

В-четвертых, улучшается состояние печени и органов желудочно-кишечного тракта.

В-пятых, оптимизируется синтез гормонов коры надпочечников, щитовидной железы, половых желез.

Все вышеперечисленное приводит к улучшению самочувствия, повышению работоспособности и повышению качества жизни больного сахарным диабетом.

ОЖИРЕНИЕ И ТОПИНАМБУР

Ожирение – одно из опасных заболеваний человека, быстро прогрессирующее в последние десятилетия прошедшего века. В настоящее время в Европе более чем половина взрослых людей в возрасте 35–65 лет имеют избыточный вес или ожирение. В Великобритании распространенность ожирения удвоилась за последние 10 лет. В США 20% взрослых мужчин и 28% женщин страдают ожирением и еще около трети населения имеют избыточный вес. В России в 1990-х годах более половины людей старше 40 лет имели избыточный вес или ожирение.

Способность топинамбура и его производных снижать массу тела при ее исходном избытке доказана в ряде клинических и экспериментальных исследований.

Курсовое назначение топинамбура приводило к существенному улучшению углеводного и жирового обменов, снижению уровня инсулина в крови, отражающему улучшение чувствительности клеток к этому гормону, и, как следствие, уменьшению массы тела.

Конечно, речь идет не о чудесном похудении на 20 кг за месяц, а о планомерной и постепенной перестройке всех видов обмена веществ. Именно поэтому снижение массы тела при использовании топинамбура в качестве биологически активной добавки к пище обычно становится ощутимым через 3–4 месяца. Но в некоторых случаях удается добиться заметной потери веса и в течение первого месяца приема продукта. Скорость проявления такого эффекта от приема топинамбура во многом зависит от индивидуальных особенностей организма.

Однако даже если потеря массы тела оказывается меньше желаемой и ожидаемой, не следует считать, что время потеряно даром. Дело в том, что происходящие в организме позитивные изменения благотворно влияют на течение многих тяжелых заболеваний, связанных с ожирением: снижается артериальное давление, становятся реже и ослабляются приступы стенокардии, уменьшается риск сосудистых катастроф (инфаркт миокарда, инсульт головного мозга), предотвращаются обострения холецистита и панкреатита.

Сочетание оптимального пищевого и двигательного режима с использованием производных топинамбура позволяет в описанных ситуациях достичь желаемого результата.

СЕРДЕЧНО-СОСУДИСТЫЕ ЗАБОЛЕВАНИЯ И ТОПИНАМБУР

Подсчитано, что средняя продолжительность жизни человека в мире сокращается от онкологических заболеваний на 2,5 года, от всех остальных болезней (кроме сердечно-сосудистых) — также на 2,5 года, а от сердечно-сосудистых — на 17,5 лет! Это значит, что если бы удалось избавить человека от всех болезней, включая даже такую, как рак, то его жизнь в среднем продлилась бы на 5 лет, а если устранить сердечно-сосудистые болезни — то на 17,5 лет. То есть в 3,5 раза больше!

Доказано, что сердечно-сосудистые болезни, и прежде всего самые распространенные из них — атеросклероз, ишемическая болезнь сердца и инфаркт миокарда, связаны в основном с образом жизни, который ведет человек, и, следовательно, зависят от него самого. Роль этих причин в возникновении болезней трудно оценить количественно (скажем, в процентах), в отличие, например, от инфекционных заболеваний, про которые можно сказать, что болезнь приблизительно на 80% зависит от возбудителя болезни и на 20% от других условий. Поэтому в отношении сердечных заболеваний говорят не о непосредственных причинах их возникновения, а о «факторах риска». Чем больше этих факторов и чем ярче они проявляются, тем больше вероятность возникновения сердечно-сосудистой патологии. При этом оценивается примерная величина каждого из них, их сравнительная опасность.

Одновременное воздействие нескольких факторов риска определяется не их арифметической суммой, а выводится по более сложному закону, который всегда действует не в пользу пострадавшего.

Всемирная организация здравоохранения опубликовала перечень факторов риска ишемической болезни сердца:

- гиперлипидемия (липид — жир) — повышенное содержание жира в крови (определяется это нарушение с помощью анализа крови на общий холестерин и составляющие его липопротеиды (комплексы холестерина с белками, протеинами; помимо уровня общего холестерина основным фактором риска является высокое содержание так называемых липопротеидов низкой плотности);
- повышенное артериальное давление крови (артериальная гипертония);
- курение;
- ожирение;
- недостаточная физическая активность часто сопровождающаяся ожирением;
- нарушение свертываемости крови — предрасположенность к образованию тромбов (сгустков крови, закупоривающих сосуды);
- отягченная наследственность или наследственная предрасположенность (генетический фактор риска) — наличие сердечно-сосудистых болезней у родителей и кровных родственников;
- резкие и длительные физические и психоэмоциональные перегрузки (стрессы);
- гипергликемия — повышенное содержание глюкозы в крови, особенно при сахарном диабете;
- неблагоприятная среда (экологический фактор) — загрязнение воздуха, воды, пищи вредными веществами.

Перечень получился весьма внушительным — десять факторов риска. Уже на поверхностный взгляд видно, что по большей части эти факторы зависят от нас самих (питание, образ жизни), то есть субъективны. Объективными можно назвать лишь два из них. Это наследственная предрасположенность и экология. Но и эти факторы не фатальные.

Рассмотрим возможности топинамбура при заболеваниях сердечно-сосудистой системы.

Первые указания об эффективности инулиносодержащих растений при болезнях сердца, ожирении, старении и диабете мы находим в работах Авиценны (X век). Если вернуться к факторам риска, то на семь из десяти (за исключением курения, малоподвижного образа жизни и наследственности) можно повлиять, используя топинамбур.

Калий-магниевый комплекс, содержащийся в суточной дозе топинамбура, позволяет полностью заменить им известные химиопрепараты для гипертоников и сердечников — панангин и аспаркам. Более того, по магнию препарат из топинамбура вдвое богаче этих лекарств. Природные магниевые и калиевые соединения в топинамбуре делают его не только эффективным, но и безопасным препаратом для лечения аритмий, гипертонии, ишемической болезни сердца, стенокардии различного происхождения, для предотвращения инфарктов и инсультов.

Известно, что прием многих антибиотиков и цитостатических противоопухолевых средств вызывает повреждение почечных канальцев и увеличение выведения магния из организма, сопровождающееся такими последствиями, как облитерующий эндартериит нижних конечностей, спазмы коронарных артерий, ишемия миокарда (в том числе у молодых людей с неповрежденными еще коронарными артериями), кардиомиопатия, аритмия, вплоть до необратимой фибрилляции сердца с последующей внезапной смертью. Употребление топинамбура с высоким содержанием органического магния до начала курса лечения (а также во время приема указанных лекарств) защищает почечные канальцы и предохраняет больного от этих серьезных осложнений.

Усугубляет течение большинства заболеваний сердца нарушение жирового обмена (повышение уровня холестерина и триглицеринов в крови), приводящее к развитию атеросклероза сосудов.

Дружественная микрофлора (бифидо- и лактобактерии), поддержанная топинамбуром, также способствует снижению уровня холестерина в крови, нормализации артериального давления. Снижение артериального (как максимального, так и минимального) давления отмечено при длительном приеме топинамбура (20–30 дней) разными исследователями.

Поскольку одной из ведущих причин этого явления, как указывалось выше, может быть низкая чувствительность клеток к инсулину, становится понятным, почему применение топинамбура чрезвычайно полезно при большинстве заболеваний сердечно-сосудистой системы. Инулин в значительной степени восстанавливает функциональную активность инсулина, а значит, и приближает к норме состояние всех видов обмена веществ, в том числе и жирового.

Чрезвычайно важным является и то, что под влиянием топинамбура понижается вязкость крови за счет уменьшения концентрации в плазме фибриногена, улучшается текучесть крови и эластичность сосудистой стенки, восстанавливаются пластические свойства эритроцитов, тромбоцитов, лейкоцитов — они становятся более гибкими, легче изменяют свою форму в зависимости от диаметра сосуда, по которому должны проходить.

Все эти изменения благотворно отражаются на основных показателях микроциркуляции; повышается скорость кровотока, облегчается доставка питательных веществ и кислорода к тканям организма и освобождение их от продуктов жизнедеятельности клеток, мешающих нормальному функционированию всех органов.

При большинстве заболеваний сердечно-сосудистой системы обнаруживается повышенная свертываемость крови и способность ее к тромбообразованию. Так, тромбы легко возникают на атеросклеротических бляшках, в области миокарда, при варикозном расширении вен. Такие тяжелейшие осложнения сосудистой патологии, как инсульт, тромбоэмболия (занос с током крови оторвавшихся тромбов) легочной артерии и многих других органов возникают именно по причине нарушения реологических свойств и повышенной свертываемости крови. И здесь топинамбур также представляется весьма полезным. По данным новосибирских ученых и врачей, одним из наиболее значимых эффектов включения его в диетотерапию больных является снижение тромбообразовательного потенциала крови, улучшение характеристик сосудистой стенки. Необходимо, однако, сказать, что людям со склонностью к кровотечениям и пониженной свертываемостью крови назначать препараты топинамбура лучше короткими курсами (не более 7–10 дней) и в дозах, приблизительно в 2 раза меньших по сравнению с обычными лечебными дозами.

Подытожим. Поддержание за счет топинамбура достаточного уровня кремния повышает эластичность стенок артерий и снижает их проницаемость. Важную роль в состоянии миокарда играет уровень селена, и в этом сердцу также может помочь топинамбур, способствующий усвоению этого важнейшего микроэлемента из пищи. Инулин, которым богат топинамбур, проходя по желудочно-кишечному тракту, связывает кристаллы холестерина, плотные липопротеины, снижает уровень гипогликемии. Очищающую функцию усиливают всосавшиеся в кишечник короткие фруктозные цепочки.

Благодаря высокому содержанию инулина и пектиновых веществ, обладающих комплексообразующей способностью, о чем уже упоминалось выше, топинамбур может также уменьшить вредное влияние плохой экологии, удаляя из организма ионы тяжелых металлов, радионуклиды и пестициды.

ИММУНИТЕТ И ТОПИНАМБУР

Топинамбур влияет на механизмы как специфического, так и неспецифического иммунитета.

Во-первых, топинамбур оказывает действие, подобное регулирующему влиянию вилочковой железы. Так, исследование, проведенное в Новосибирском НИИКИ Сибирского отделения РАМН, показало, что у людей и животных с исходным иммунодефицитом при использовании этого препарата отчетливо улучшаются показатели клеточного и гуморального иммунитета — восстанавливается общее количество лимфоцитов в крови и соотношение между классами иммунокомпетентных клеток.

Во-вторых, комплекс уникальных свойств топинамбура (нормализация углеводного, жирового, энергетического обменов, активация синтеза белка, улучшение кровоснабжения и микроциркуляции, гепатопротекторный эффект, выраженное регенераторное действие) определяет мощное его влияние и на компоненты неспецифического иммунитета.

Столь значительное нормализующее воздействие топинамбура на систему иммунитета во многом объясняет широчайший спектр заболеваний, при которых применение топинамбура в качестве компонента лечебного питания приносит положительные результаты. Кроме заболеваний эндокринной, сердечно-сосудистой, пищеварительной систем, печени, получены клинические и экспериментальные подтверждения эффективности и целесообразности использования производных топинамбура при следующих состояниях:

- туберкулез;
- патология почек (гломерулонефрит, пиелонефрит, мочекаменная болезнь (уратные камни);
- анемии (используется в качестве кровезаменителя и источника железа);
- воспалительные заболевания гинекологической сферы;
- профессиональные отравления тяжелыми металлами (свинец, цинк, кобальт, никель) и радионуклидами (стронций-90, цезий-137);
- частые ОРВИ, грипп, ангины как у взрослых, так и у детей;
- предопухолевые заболевания;
- при ожоговой болезни и в хирургии в качестве сильного ранозаживляющего и антибактериального средства;
- гиперурикемия (повышение содержания в крови мочевой кислоты, встречающееся, например, при подагре, мочекаменной болезни и многих хронических заболеваниях сердечно-сосудистой, эндокринной,

пищеварительной, дыхательной систем в стадии декомпенсации).

Наверное, этот список можно было бы продолжить, но сегодня мы ставим своей целью только привлечь ваше внимание к уникальным свойствам топинамбура и перспективам его использования, а настоящая диетическая и лечебная ценность этой замечательной культуры в полном объеме будет оценена в будущем.

ПРИМЕНЕНИЕ ТОПИНАМБУРА В НАРОДНОЙ МЕДИЦИНЕ

Три тысячелетия человек знаком с топинамбуром, и издавна его привлекала уникальная жизненная сила растения, позволяющая ему выживать в экстремальных условиях внешней среды и давать сверхвысокие урожаи по сравнению с другими клубнеплодными растениями. Уникальные возможности растения использовались человеком в лечении болезней и недугов в практике народной медицины.

Ниже приводятся рецепты некоторых народных средств и способы их использования при различных заболеваниях, недугах и косметических недостатках. Таблица 2 подскажет, при каких именно состояниях к какому рецепту обратиться.

Таблица 2

Выбор рецептов в зависимости от патологии

Патологии	Номера рецептов
Сахарный диабет, атеросклероз, тахикардия, гипертония, ишемическая болезнь сердца, тромбофлебит, анемия (малокровие), лейкоз, туберкулез	1, 2, 3, 4, 5
Простуда	1, 2, 3, 4, 5, 6
Цистит, пиелонефрит, хронический гастрит, гастрит с повышенной кислотностью поджелудочного сока, язвенная болезнь желудка и кишечника	1, 2, 3, 4, 5
Запоры, нтоксикация	1,2, 3, 4, 5
Отложение солей, боли в позвоночнике и конечностях (остеохондроз, радикулит, подагра)	1, 2, 3, 4, 5, 7
Упадок сил, снижение работоспособности, стресс, бессонница	1, 2, 3, 4, 5, 7
Экзема, язвы на коже, угревая сыпь, гнойные раны, фурункулез	8, 9
Ожоги	8
Косметические недостатки (сухость кожи, дряблость, морщины)	7, 9, 10

Рецепт 1

Клубни хорошо вымыть, кожуру можно не чистить. Принимать в свежем виде без каких-либо приправ и соли перед едой по 50 г 3 раза в день. Курс 30 дней.

Рецепт 2

Отжать сок из вымытых клубней. Принимать свежеприготовленный сок по 50 мл 2 раза в день за 10–15 минут до приема пищи. Курс 20 дней.

Рецепт 3

1 ст. ложку порошка из клубней топинамбура заварить 2 стаканами кипятка, охладить, процедить через марлю и пить по 1 стакану 2 раза в день за 15 минут до принятия пищи. Курс 20 дней.

Рецепт 4

Мелко нарезанную листостебельную массу верхнего яруса растения залить кипятком из расчета 2 ст. ложки зеленой массы (можно использовать как сырую, так и высушенную массу) на 0,5 л кипятка. Настаивать ночь. Процедить через сито. Пить по 0,5 стакана 4 раза в день. Курс 20 дней.

Рецепт 5

Цветки топинамбура (собранные в сентябре), свежие или высушенные в тени, залить кипятком из расчета 1 ст. ложка цветков на 0,5 л кипятка. Настаивать ночь, процедить через марлю или сито. Пить по 0,5 стакана 4 раза в день. Курс 10 дней.

Рецепт 6

Вымыть клубни, отжать сок. Закапывать капли в нос 4 раза в день при появлении насморка, при простуде.

Рецепт 7

Листостебельную массу (свежую или сухую) залить кипятком из расчета 1 весовая часть топинамбурной массы на 3 части воды. Настаивать ночь. Процедить через сито.

Принимать ванну, вливая в нее 1 ведро полученного настоя (10 л) и разбавляя теплой водой до температуры 38–40 °С. Ванну принимать 15–20 минут 2 раза в неделю. Курс 10 ванн.

Рецепт 8

Клубни вымыть, протереть через мелкую терку. Свеженатертую массу клубней прикладывать к пораженным участкам кожи 2 раза в день с последующей перевязкой. Время контакта с обрабатываемыми поверхностями кожи 15–20 минут.

Рецепт 9

Протертые через мелкую терку вымытые клубни топинамбура нанести тонким слоем на кожу лица. Держать маску 30 минут. Затем снять, обмыть лицо теплой водой и смазать витаминизированным кремом. Процедуры проводить 2 раза в неделю. Курс 15 сеансов.

Рецепт 10

Кожу лица протирать 2 раза в неделю свежеприготовленным соком клубней топинамбура. Через 30 минут после нанесения сока лицо обмыть теплой водой и смазать витаминизированным кремом. Курс 15 сеансов.

ТОПИНАМБУР В НАРОДНОМ ХОЗЯЙСТВЕ

ВИДЫ ПРОМЫШЛЕННОЙ ПЕРЕРАБОТКИ ТОПИНАМБУРА

В бывшем СССР разработку новых видов диетической продукции из топинамбура активно вели Московский технологический институт пищевой промышленности, Институт питания Академии наук (Москва), Воронежский технологический институт, Киевский технологический пищевой институт и другие научные организации. В результате этих исследований были разработаны и апробированы рецептуры напитков, овощных смесей, кондитерских и хлебобулочных изделий на основе продуктов первичной переработки топинамбура.

В настоящее время, в связи с продвижением этой культуры из благодатного для земледелия юга в различные регионы нашей страны, в том числе на восток – Сибирь, Урал, Дальний Восток, а также благодаря деятельности энтузиастов этой культуры, активно ведутся работы по пищевому использованию топинамбура во многих городах России. Наибольшего успеха в вопросах технологии переработки и использования топинамбура достигли в Москве, Воронеже, Санкт-Петербурге, Екатеринбурге, Омске, Новосибирске и Иркутске, где от опытных наработок приступили к промышленному выпуску различных продуктов из топинамбура. Уже выпускаются, хоть и в небольших пока объемах, следующие первичные продукты переработки клубней: порошок (мука), сушеные дольки, пюре и фруктозо-глюкозные сиропы.

Зеленая масса топинамбура может быть использована для получения фруктозо-глюкозного сиропа (ФГС), кормовых дрожжей, спирта (табл. 3), биогаза, целлюлозы и других продуктов. О переработке и использовании зеленой массы топинамбура в кормопроизводстве пойдет рассказ в разделе ниже.

Получение из надземной части растения ФГС наибольшее значение и эффективность имеет для северных регионов, где зачастую имеющиеся в стебле сахара консервируют ранние осенние холода. При этом сироп получается с более благородным, цветочным вкусом и ароматом.

Выход товарных кормовых дрожжей на гидролизате из листьев и стеблей составляет в среднем 160–170% к количеству израсходованных редуцирующих веществ, при этом 1 га пашни дает в 5–6 раз больше кормового белка, чем овес или другие культуры (табл. 3).

Таблица 3

Результаты переработки топинамбура по сравнению с некоторыми другими культурами

Культура	Урожайность, ц/га	Редуцирующие в-ва		Валовой выход, ц/га	
		%	ц/га	дрожжей	дрожжевого белка
Овес (зерно)	25	54–56,8	13,5–14,2	27–28,4	3,38–3,55
Картофель (клубни)	150	18,2–19	27,3–28,5	54,6–57	6,82–7,12
Топинамбур (клубни)	250	11,7–14,2	29,2–35,6	58,5–71,2	7,31–8,9
Топинамбур (зеленая масса)	500	10–14,5	50–72,5	100–145	12,5–18,1

В зависимости от используемого сорта топинамбура, из надземной части растения с 1 га можно получить 2–5 т этилового спирта, который может быть источником энергии, как и биогаз. Считается, что зеленая масса и клубни топинамбура являются очень дешевым сырьем для получения этанола и биогаза (схема 1).

Анаэробный гидролиз показал, что из свежего или силосованного растительного сырья топинамбура можно получить 480–680 л биогаза на 1 кг органического материала с содержанием метана 50–55%, при этом 1 га посевов может обеспечить выход 5000–6000 м³ биогаза.

Схема 1

Виды переработки надземной части топинамбура

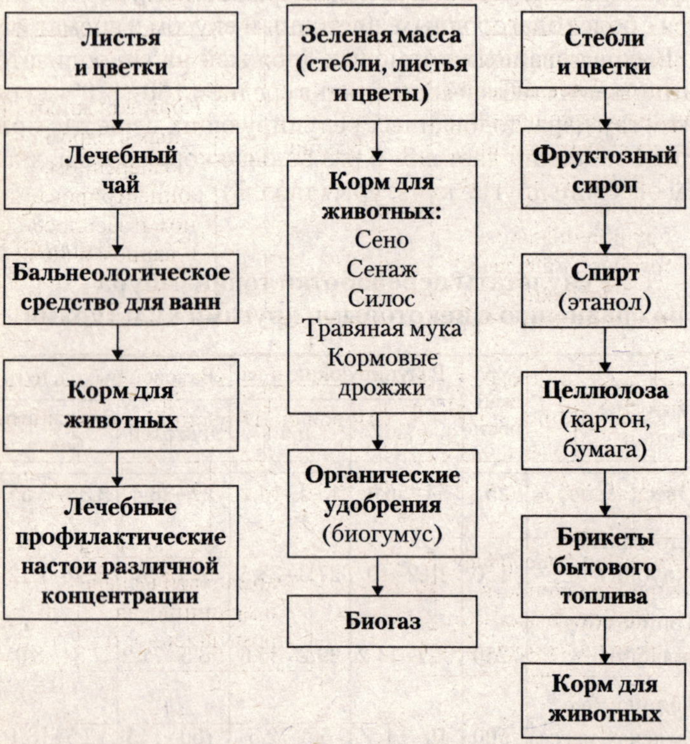

В 1990–92 годах в России специалистами целлюлозно-бумажной промышленности был апробирован способ варки целлюлозы из надземной части топинамбура с последующим получением картона и высококачественной бумаги. Очень важным аспектом при этом оказалось то, что варку целлюлозы можно проводить со значительно меньшим расходом химических реагентов и снижением загрязнения окружающей среды.

Переработка клубней топинамбура имеет достаточно широкий спектр (схема 2), и авторы не претендуют на гидролизом, ферментативным и дезинтегральным способом, методом ультрафильтрации (мембранные технологии), а также прямым механическим прессованием на ленточных, винтовых и пакпрессах. Все они могут быть применены, в зависимости от возможностей, объемов и качества выпускаемой продукции.

Топинамбур является важным сырьем для получения истинного *инулина* — ценного продукта медицинского, парафармацевтического и пищевого назначения.

Технология выделения инулина из растительного сырья имеет ряд особенностей: сезонность, особенность хранения сырьевого ресурса, зависимость содержания высокополимеризованных фруктанов от сорта, времени уборки и способа последующего хранения. В настоящее время накоплен опыт хранения клубней топинамбура для промпереработки с октября по май включительно. Вместе с тем имеет практический интерес получение инулина из предварительно высушенных клубней топинамбура. Это дает возможность продления сезона переработки, полностью использовать высококачественное сырье. Причем в момент экстракции в раствор не переходит часть белков и коллоидных веществ, что значительно облегчает дальнейшую очистку продукта. Количество инулина, извлекаемое из сухого топинамбура, соответствует количеству инулина, выделяемого из свежего сырья. Степень полимеризации при этом идентична.

К сожалению, в настоящее время практически нет апробированных технологий, пилотных установок для получения инулина из топинамбура тем или иным способом. В то же время, по оценкам специалистов, производство высокоочищенного инулина медицинского назначения сопряжено со значительными стартовыми вложениями (более 1 млн долларов США), а получаемый продукт имеет очень низкую рентабельность (производство такого инулина должно дотироваться государством).

Практический интерес представляет технология комплексной переработки топинамбура, разработанная коллективом авторов под руководством академика В. Н. Голубева. При этом основными конечными продуктами являются пектин и инулин.

1988–1992 годы в Советском Союзе среди научно-исследовательских центров был настоящий бум по разработке пищевых технологий переработки топинамбура. В этот период был накоплен значительный стартовый материал по разным направлениям комплексной переработки топинамбура и по продуктам на его основе. Наибольший успех был достигнут в Киевском институте пищевой промышленности (КТИПП), Воронежском технологическом институте, в ряде московских вузов и НИИ пищевой промышленности, в Армении, в Свердловске, Омске и Иркутске. Но экономическая ситуация в последующие годы привела к тому, что с 1993–94 года были практически прекращены научные исследования и опытно-конструкторские разработки по культуре топинамбур. Только отдельные энтузиасты не давали этому делу угаснуть полностью.

Коммерческий интерес к переработке топинамбура в последние несколько лет показывает, что срочно необходим государственный заказ на такие разработки. Ну, а пока реально и практически осуществим метод консолидации участников (заказчиков-практиков) для финансирования исследований и проектов.

ТОПИНАМБУР В ПИЩЕВОЙ ПРОМЫШЛЕННОСТИ

В последние годы в пищевой промышленности стали внедрять продукты из топинамбура — порошок, сироп, пюре и пасту — для увеличения биологической ценности мучных и кондитерских изделий.

Известны технологии получения топинамбурного пюре, паст, муки, концентратов, сиропов, порошков, которые добавляют в хлеб, печенье, кексы, булочки, макароны, лапшу.

Клубни топинамбура являются сырьем для получения низкокалорийной (1,24 кал/г) с пониженным содержанием жира (менее 1%) *муки*, используемой в качестве основной массы для получения пасты или хлебобулочных изделий. Содержание муки из топинамбура в хлебных и кондитерских (кексы) изделиях может достигать 10%. При этом необходимо строго соблюдать соотношение содержания влаги, сахара и дрожжей в муке.

Отработанные технологии выпечки хлеба, печенья и сдобных пряников рекомендуют добавление сиропа и пюре до 20%, пасты — до 10%, а порошка — 5–10% от массы муки. Добавление продуктов из топинамбура в тесто увеличивает его воздушность, способствует быстрому подъему и удержанию формы, придает продукту приятный вкус и делает его низкокалорийным.

По данным Т. Б. Цыгановой и Д. А. Гусевой (1998) внесение 1–3% топинамбура в муку для выпечки хлеба уменьшает массу сырой и сухой клейковины, увеличивает пористость хлеба и улучшает реологические свойства мякиша. Одновременно уменьшается гликемический индекс готового хлеба, что важно для больных сахарным диабетом и ожирением.

В Новосибирске создан необычный сорт хлеба «Солнышко», в состав которого, наряду с мукой, отрубями, дрожжами, солью, жирами и водой, входит топинамбур.

Запатентован процесс изготовления хлебобулочных и мучных кондитерских изделий, содержащих топинамбур, основанный на запаривании топинамбура, изготовлении *пюре* из прошедшего тепловую обработку материала и смешении этого пюре с мукой до образования теста. Полученное тесто затем может быть традиционными методами переработано в хлеб, мелкие хлебобулочные изделия, пиццу, бисквиты, макаронные изделия и т. д. Пекарские свойства теста, приготовленного данным способом, превосходят аналогичные свойства теста, полученного с применением муки из топинамбура.

Пюре из топинамбура можно консервировать (например, замораживанием или сушкой) индивидуально или в комбинации с хлебной мукой. Высокое содержание в топинамбуре фруктозы и инулина, не требующих для расщепления инсулин, делают пригодным эти изделия для питания людей, страдающих диабетом.

Известен способ получения низкокалорийной *лапши* с добавками топинамбура. Муку из топинамбура и твердых сортов пшеницы смешивали в разных соотношениях, при содержании в муке порошка из топинамбура до 25% получали лапшу хорошего качества, не уступающую по качеству лапше, полученной только из муки твердых сортов пшеницы. При добавлении альгината натрия к муке, содержащей 30% порошка топинамбура, получали лапшу с повышенной легкостью и хорошими кулинарными свойствами, не отличающуюся по свойствам от лапши из муки твердых сортов пшеницы.

Тесто, приготовленное из муки с топинамбуром, обладало более высокими связующими и эластичными свойствами и пониженной твердостью и клейкостью по сравнению с тестом из муки из твердых сортов пшеницы. Добавление альгината натрия увеличивало клейкость и связующие свойства теста с топинамбуром. При этом связующие свойства лапши возрастали с увеличением содержания в муке порошка топинамбура. Не наблюдалось значительных различий во вкусе, запахе, цвете и текстуре готовой лапши, изготовленной из муки с топинамбуром.

Вкусные *макароны* «Топинамбурные» производит научно-исследовательский институт хлебной промышленности (продукт содержит 10% порошка топинамбура). Уже несколько лет популярностью пользуются *хлебцы* «Московские» пшеничные с топинамбуром (ООО «Малыш Торг», ООО «Медицина и здоровье» — Московская область); хлебцы «Докторские», выпускаемые фирмой «Геркулес» (Санкт-Петербург); крекер «Здорово» с топинамбуром фирмы ГУП «Крекер» (Москва); «Отруби хрустящие» пшеничные с топинамбуром (ООО «Диетмарка», Пенза); АОЗТ «Азарт» (С.-Петербург) выпускает *конфеты* с топинамбуром — и это только первые «ласточки» в системе производства в промышленных объемах продуктов на основе топинамбура.

Клубни топинамбура могут быть с успехом использованы также в *консервной промышленности*.

Для бесперебойной работы консервных заводов, работающих на плодоовощном сырье, большое значение имеет правильный подбор отдельных сортов овощей и фруктов, созревающих в различное время года. В частности, немаловажное значение имеет введение новых сортов овощей и фруктов, техническая спелость которых наступает ранней весной или поздней осенью, то есть в период наименьшей загрузки консервных предприятий сырьем.

Клубни топинамбура, как известно, достигают спелости поздно осенью. Так, например, на Северном Кавказе и на Украине — 15–20 октября, в Центрально-Черноземных областях и в ряде областей северной Нечерноземной зоны — 1–5 октября. Но фактически прирост клубней продолжается также в ноябре и даже позднее. Такое несовпадение сроков созревания топинамбура и других овощей, применяемых для консервирования, обеспечивает возможность дополнительной загрузки плодоовощных консервных предприятий и способствует удлинению производственного сезона осенью на 2–2,5 месяца.

Количество клубней, необходимое для переработки в осенний производственный период, выкапывают из земли непосредственно перед наступлением устойчивой морозной погоды.

Перезимовавшие в поле клубни топинамбура, в случае использования их в качестве сырья для консервной промышленности, могут удлинить производственный сезон в ранневесенний период на 1–1,5 месяца, не требуя никаких специальных сооружений для хранения этого сырья до весны.

Другим ценным качеством топинамбура, имеющим значение для консервной промышленности, является морозоустойчивость его клубней. Промерзшие во время зимовки в поле клубни весной после оттаивания не теряют своих пищевых или технических качеств, как не теряют и своей жизненности в случае использования их для дальнейшего размножения.

Для массового изготовления на консервных заводах рекомендуются следующие виды консервов из клубней топинамбура: *икра* из топинамбура (или из топинамбура и моркови) с томатной заливкой, *повидло* из топинамбура и фруктов, *пюре* из топинамбура.

Разработана рецептура консервированных овощных *салатов* на основе топинамбура «Краснодарский» —

с добавлением свеклы, моркови и зелени, «Ангелина» — с добавлением моркови и яблок, «Весенний» — с добавлением квашеной капусты, зеленого горошка быстрозамороженного и зелени. Рецептурная закладка топинамбура составляла 40–50%.

Последние несколько лет энтузиасты и думающие специалисты продолжают искать способы получения продуктов здорового питания с использованием топинамбура. Так, в Научно-исследовательском институте мясной промышленности разработана рецептура различных консервов, в том числе и для детей, здесь же активно ведут поиск новых полифункциональных пищевых композиций. Научно-исследовательский институт молочной промышленности также разработал новые продукты с добавлением топинамбура. Даже несмотря на проблему недостаточного финансирования, все более активно ведутся работы по разработке рецептур все новых и новых пищевых продуктов с добавлением топинамбура, вырабатываются опытные партии, разрабатывается нормативно-техническая документация, готовится рынок сбыта.

ТОПИНАМБУР В КОРМОПРОИЗВОДСТВЕ

Благодаря высокому содержанию сухих веществ, хорошей углеводной и витаминной обеспеченности, а также малому количеству клетчатки, зеленая масса топинамбура обладает значительными кормовыми достоинствами. В сибирских условиях питательность 100 кг зеленой массы составляет 20–25 кормовых единиц. Это в 1,5–2 раза выше питательности зеленой массы подсолнечника. В 1 кг клубней содержится 0,23–0,29 кормовых единиц.

Надземная часть растения и клубни дают 200–300 ц кормовых единиц с гектара и 12–16 ц/га перевариваемого протеина. Топинамбур превышает кукурузу, однолетние и многолетние травы, картофель по выходу кормовых единиц — в 2,9–7,9 раза, а по перевариваемому протеину — в 1,6–5,9 раза. Для условий Сибири этот фактор приобретает еще большую значимость: когда в апреле-июне заканчиваются запасы сочных кормов, а свежей зелени еще нет, клубни топинамбура из хранилищ или весенней копки дают прекрасную кормовую базу.

По питательной ценности топинамбур превосходит цветущий клевер и кукурузу. Животные поедают его охотнее, чем другие травяные культуры не только в свежем виде, но и в виде силоса и сенажа. При этом привесы и продуктивность у них значительно выше, чем при обычном вскармливании.

Зеленую массу можно скармливать скоту и в свежем виде. В листьях топинамбура в 2 раза больше белка, чем в стеблях (особенно в период июль-август). Зеленая масса поливитаминна (каротин, аскорбиновая кислота, рибофлавин, никотиновая кислота и др.). Можно откармливать свиней исключительно листьями из топинамбура (практика Германии), к которым частично добавляют шрот и обрат. Удой на корову в 300 кг с жирностью молока 4% получают, скармливая силос из зеленой массы топинамбура.

Особую роль в кормлении скота играют клубни топинамбура. Включение в рацион коров 10–15 кг клубней уже на 6-й день увеличивает удои на 4–5 кг в сутки, а кормление ими молодняка существенно повышает привесы. Клубни наиболее ценны весной, когда не хватает витаминов. Причем, если проросший картофель содержит вредный организму соланин, то клубни топинамбура, напротив, весной содержат биологически активные вещества и белок, стимулирующий молочную продуктивность коров, овцематок, свиноматок и яйценоскость кур. Клубни скармливаются и птице — в свежем виде, а также в запаренном и силосованном.

Топинамбур является незаменимой культурой в овцеводстве. А выпас свиней на плантациях топинамбура позволяет почти полностью исключить из рациона другие виды кормов. Кормление клубнями поросят на 20–30% увеличивает привесы, а при откорме свиней улучшается сало. Для зимнего кормления из клубней готовят комбисилосы (клубни+люцерновая мука 10%).

Для зеленой подкормки большую ценность растение представляет в звероводческих хозяйствах, где листья и стебли охотно поедают зайцы, маралы и другие дикие животные, а клубни осенью хорошо едят кабаны. В охотхозяйствах Сибири топинамбур высаживают по краю лесных массивов, где он, разрастаясь, создает непроходимые заросли, которые являются не только хорошей кормовой базой для диких животных, но и служат им надежной защитой от браконьеров.

Высокая кормовая ценность топинамбура позволяет использовать его в виде силоса как хороший корм для всех сельскохозяйственных животных. Наличие в стеблях растений большого количества сахаров (до 25–30% к сухому веществу) обусловливает легкую их силосуемость. Влажность силоса из топинамбура находится в пределах 60–75%.

Зеленая масса на силос убирается в 1-й декаде сентября (в зависимости от погодных условий) до наступления заморозков. Для меньшей потери зеленой массы целесообразно применять силосоуборочный комбайн КС-1,8 «Вихрь» (потери 1,3–2,7%) и КПИ с кукурузной жаткой. Силосование проводится в траншеях. Выбор типа траншеи определяется местными условиями, но емкость ее должна быть не менее 500 т (ширина 6–9 м). Технология закладки – как у кукурузы. Хороший эффект дает добавление в закладываемую массу соломы зерновых (до 50%).

В силосе топинамбура меньше клетчатки и больше перевариваемого белка, чем в приготовленном из кукурузы и подсолнуха. Как правило, топинамбурный силос отличается высоким качеством, в нем накапливается до 1,5% молочной кислоты, составляющей не менее 50% от общего количества кислот. В процессе силосования pH снижается до 3,9–4,2. Из-за высокого содержания сухих веществ (25–30%) силос из топинамбура, в отличие от кукурузного, не бывает перекисленным. В нем сохраняются почти все питательные вещества и довольно много витаминов. Содержание каротина достигает 30–50 мг в 1 кг корма.

Силос из зеленой массы топинамбура хорошо хранится, и животные его охотно поедают после небольшого периода приучения. В 100 кг силоса содержится 18–25 кормовых единиц и до 2 кг перевариваемого протеина, а энергетическая емкость 1 кг силоса достигает 820 ккал. Это намного выше, чем у силоса из других растений. Хорошие результаты в кормлении животных дает комбинированный силос (топинамбур + листья свеклы + трава + кукурузные стебли и листья + концентрированный корм).

Зеленая масса может служить хорошим сырьем для заготовки травяной муки. При правильной технологии в травяной муке обеспечивается лучшая сохранность питательных веществ. На приготовление 1 ц травяной муки расходуется в среднем 4–5 ц зеленой массы с влажностью 75%. По питательности травяная мука не уступает многим зерновым концентратам и превосходит их по полноценности, содержанию белка, минеральных веществ, витаминов. Питательность 1 кг муки из топинамбура составляет около 0,7–0,9 кормовой единицы, содержание протеина — 16–25%, клетчатки — не более 20%, каротина 60–130 мг/кг.

ТОПИНАМБУР И ЭКОЛОГИЯ

Топинамбур является ценным растением с точки зрения экологических проблем.

В Лимнологическом институте Сибирского отделения АН России изучали возможность создания экологически замкнутых производств на промышленных предприятиях. Была поставлена задача подобрать такую сельхозкультуру в данной экологической цепи, которая могла бы, в частности, прорастать на техногенно нарушенных территориях. Среди множества апробированных культур топинамбур оказался наиболее приемлемым.

В первых экспериментах изучали воздействие внесения в почву значительных доз сухой золы (отходы теплоэнергетики). И если другие растения страдали от фитотоксичности, то топинамбур оказался наиболее устойчивым.

Дальнейшие исследования по созданию экологически замкнутых производств показали, что можно получать агротехэкологичные многокомпонентные компосты на основе отходов предприятий. С целью полного исключения твердых и жидких выбросов во внешнюю среду проводили исследования на Селенгинском целлюлозно-картонном комбинате. Путем физико-химического моделирования были рассчитаны различные варианты компостов из твердых отходов (шлам-лигнин, кора, зола, активный ил) и отходов птице-животноводческих комплексов. Наибольший эффект получен от возделывания на этих компостах топинамбура и тописолнечника. Здесь, как и в случае внесения чистой золы ТЭЦ, при значительном улучшении агрофизических показателей почвы урожай в клубнях увеличился почти в 2 раза. Урожайность зеленой массы возросла в среднем на 30%.

Основываясь на том, что топинамбур отзывчив к орошению, использовали для полива промышленные стоки Селенгинского комбината, прошедшие предварительную биогеохимическую или ионообменную очистку. Первые результаты по урожайности, химическому составу, токсикологии и другим показателям на опытных и контрольных участках показали, что при научно обоснованном подходе возможна полная утилизация твердых и жидких отходов.

Еще К. А. Тимирязев относил топинамбур к одной из самых интенсивных полевых культур, способных поглощать из воздуха углерод и выделять кислород. А это путь к созданию эффективных зеленых поясов вокруг промышленных центров. Один гектар топинамбура может поглощать за год 6 т углекислого газа, а леса — 3–4 т.

Гектар посева топинамбура может сохранить пять гектаров леса. Дело в том, что мощные стебли топинамбура являются хорошим сырьем для целлюлозно-бумажной промышленности.

Топинамбур можно успешно использовать в качестве фитомелиоранта при рекультивации почв вокруг промышленных зон. Его можно выращивать на землях, выведенных из сельскохозяйственного оборота при добыче угля, нефти, на бывших карьерах, на золоотвалах и промышленных свалках. Топинамбур хорошо растет в местах, где скапливаются отходы лесной и целлюлозно-бумажной промышленности. После 3–5 лет выращивания этой культуры на таких землях почва полностью восстанавливает свое плодородие. Посадка топинамбура предотвращает ветровую эрозию почвы, перенос золы и ила, создает зеленые защитные барьеры, закрепляет дамбы от разлива, уменьшает дренаж сточных вод. Топинамбур полностью выживает с поля такие сорняки, как осот, пырей, циклохему и другие. При использовании этого растения для рекультивации почв резко снижаются затраты на данную технологию с одновременным возвратом бросовых земель в сельхозиспользование.

Важно отметить, что топинамбур почти не накапливает нитраты, тяжелые металлы и радионуклиды. Таким образом, он может быть одним из активных фитомелиорантов с одновременным использованием его продукции — клубней и зеленой массы — для кормовых, пищевых и технологических целей.

БИОЛОГИЯ И ВЫРАЩИВАНИЕ ТОПИНАМБУРА

ИСТОРИЯ ВНЕДРЕНИЯ КУЛЬТУРЫ ТОПИНАМБУРА В РОССИИ

Начало активных агротехнических опытов с культурой топинамбур в России связано с именами В. И. Козловского, Н. И. Вавилова. В начале 30-х годов XX века уже были предприняты попытки масштабного возделывания этой культуры, но свое продолжение они нашли только в конце 1980-х годов. И вновь, по причине отсутствия отработанной механизации возделывания и уборки, технологических приемов первичной и полной переработки, лет на 10 наступило затишье на топинамбурном поле. В то же время экономические и природно-климатические условия России, особенно Сибири, требуют поиска растений под малозатратные технологии, но с достаточно высокими кормовыми и технологическими достоинствами.

Академик Н. М. Болтасов пишет, что в 1980–90 годах гектар земли, отданной под топинамбур, давал в год 8–12 тысяч рублей прибыли (в зависимости от погодных условий и степени механизации труда). С внедрением современной техники прибыль, разумеется, будет более весомой, считает ученый. Там, где топинамбур возделывается на больших площадях (100 га и больше), выгодно строить заводы по его переработке и получению фруктозы, сиропа (пищевого и лекарственного), спирта, жмыха, брикетов для топлива. Зарубежный опыт показывает, что такие заводы полностью окупаются в первый же год эксплуатации.

Кстати, технику с электронно-компьютерным устройством, сообщает уважаемый энтузиаст культуры, для тех, кто занимается выращиванием топинамбура, скоро начнут выпускать серийно. Это клубне- и силосоуборочный комбайн, сеялка и сажалка. Адрес разработчика: Краснодарский край, г. Ейск, ул. Ростовская, дом 282. Зовут его Николаем Никифоровичем Буренко. Он начальник отдела координации и роботизации земледелия Межотраслевого производственного объединения электронизации земледелия.

Однако чтобы выращивать культуру, необходимо знать ее биологию, сортовые особенности, условия выращивания. Поговорим об этом по-порядку.

БИОЛОГИЯ ТОПИНАМБУРА

Топинамбур, или земляная груша (Helianthus tuberosus L), относится к семейству астровых. Это однолетнее растение. Многолетним его считают потому, что обычно выращивают на одном месте без ежегодной посадки, несколько лет. Растение имеет гибридное происхождение и в своем первичном формообразовании приурочено к Северной Америке.

По строению надземных органов топинамбур очень сходен с подсолнечником. Стебель прямой, хорошо облиственный. В зависимости от сорта и условий произрастания стебли бывают высотой от 1 до 5 м. Количество ветвей на главном стебле у разных сортов топинамбура различно — от 14 до 30. Кустистость растений у сортов топинамбура неодинакова и колеблется от 1 до 5 стеблей.

Окраска стебля зеленая, но у некоторых сортов может иметь фиолетовый оттенок. Общая форма листа, в средной части растения, преимущественно яйцевидная.

Соцветие у топинамбура — многоцветковая корзинка с яркими желтыми цветками — сходно по строению с соцветием подсолнечника. Диаметр корзинки, с учетом языковых цветков, от 7 до 11 см. Ранние и среднеспелые сорта отличаются большим количеством соцветий на растении, чем позднеспелые.

Плод — мелкая семянка, сходная с подсолнечником, вес 1000 семян — 7–9 г. Семена вызревают только в Средней Азии, в Крыму и Закавказье. В отличие от подсолнечника,

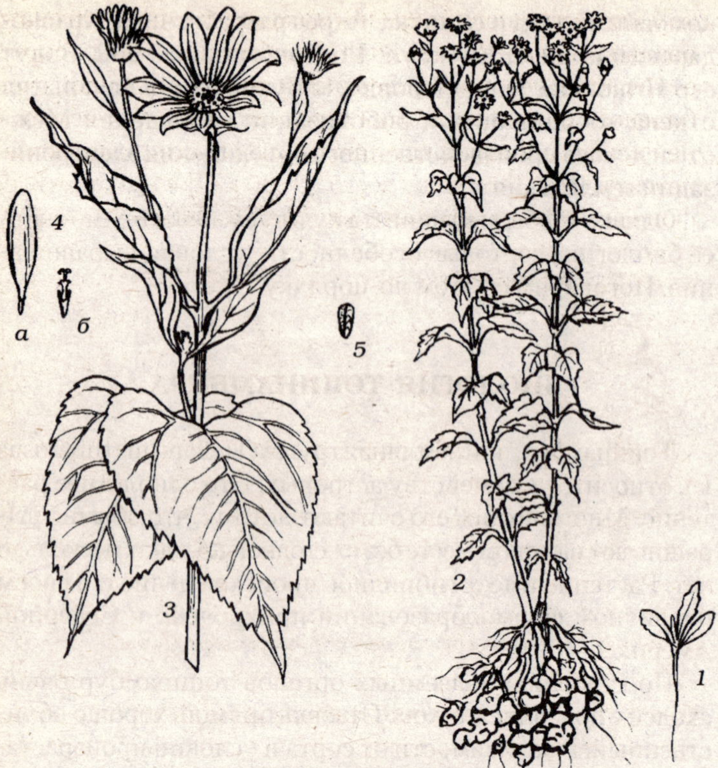

Топинамбур:
1 — в фазе всхода; *2* — в фазе интенсивного клубнеобразования; *3* — верхушечная часть стебля с цветами; *4* — цветки: язычковый (*а*) и трубчатый (*б*); *5* — плод

стебли топинамбура образуют многочисленные подземные побеги — столоны, на концах которых находятся клубни. От длины столонов зависит характер гнезда: при коротких столонах гнезда компактные, при длинных — рыхлые и раскидистые.

Дикие формы топинамбура имеют разнообразное расположение клубней в почве, тогда как культурные сорта характеризуются большей кучностью.

Окраска клубня в зависимости от сорта — белая, фиолетово-красная, светло-коричневая. Преобладающая форма клубня — грушевидная, но может быть продолговато-овальная и веретеновидная. Клубни некоторых сортов отличаются неровной поверхностью, обусловленной очень большим наличием деток (наростов). Средний вес клубней в зависимости от сорта и района выращивания колеблется от 10 до 90 г, чаще всего 30–50 г. При высоком агрофоне возможно получение клубней до 500 г.

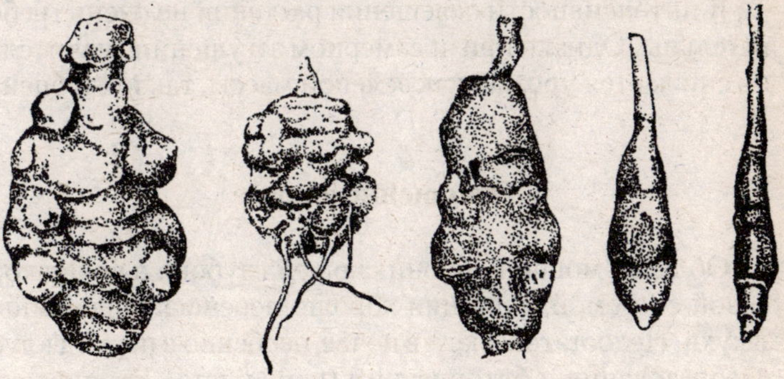

Клубни топинамбура различной формы

Отношение к теплу и холоду

Топинамбур — южное растение. Однако он обладает исключительно высокой холодостойкостью и морозостойкостью. Весной всходы переносят заморозки до –4–5 °С, а осенью растения вегетируют до заморозков –7–8 °С и могут выдержать кратковременное похолодание до –15 °С. Это исключительно важно в условиях Сибири, где резко континентальный климат с суровыми зимами и ранневесенними и осенними заморозками. Клубни выдерживают даже замораживание до –20 °С, не теряя при этом жизнеспособности. Под снегом клубни не погибают и в суровые зимы с морозами в –40 °С и ниже.

Высокие температуры растение переносит хорошо. Но при этом нужно учитывать, что клубни топинамбура имеют очень маленький пробковый слой и при их уборке в весенний период они быстро теряют влагу, что значительно влияет на последующую всхожесть при посадке.

Отношение к свету

Топинамбур требует короткого дня. С продвижением на север его развитие бывает замедленным, в условиях длинного дня и понижения температур у растения задерживается образование клубней и генеративных органов, но усиливается накопление вегетативной массы.

К интенсивности освещения растения не очень требовательны. Однако при чрезмерном загущении значительно снижается урожай как зеленой массы, так и клубней.

Отношение к влаге

Обладая мощной, проникающей глубоко в почву корневой системой, растения хорошо переносят временные засухи. Недостаток влаги в почве, особенно в период клубнеобразования и бутонизации (конец лета), отрицательно влияет на урожайность клубней и зеленой массы. Поэтому хорошие урожаи можно получить в этом случае при орошении.

Хорошо реагируя на улучшение обеспеченности влагой, растения могут выдерживать кратковременное затопление, но клубни плохо перезимовывают в почве при близком стоянии грунтовых вод.

Отношение к почве и условиям питания

Топинамбур успешно произрастает на всех типах почв, за исключением солонцов и солончаков. Наилучшими для него являются легкие по механическому составу суглинистые и супесчаные почвы с глубоким и окультуренным пахотным слоем и хорошим увлажнением. На тяжелых глинистых почвах клубни деформируются, приобретая часто уродливую форму. Кислые почвы (pH меньше 6,5) топинамбур плохо переносит.

Растения в 1,5–2 раза увеличивают свою продуктивность при внесении удобрений. Органические удобрения (до 100 т/га) и минеральные (азот, фосфор, калий) не только увеличивают урожайность зеленой массы и клубней, но и оказывают положительное влияние на содержание сахаров и протеина в растениях. Растения особенно много выносят из почвы калия. Поэтому дозы калийных удобрений должны быть повышенными.

Наблюдения за плантациями многолетнего пользования (не менее 5 лет на одном месте) показали, что даже если в первый год были выбраны участки с низким плодородием, то через 3–4 года становится заметным улучшение поля. Количество злостных сорняков резко сокращается, почва структурируется и даже увеличивается количество гумуса. Это объясняется тем, что топинамбурное поле активно обрабатывается, высокорослый топинамбур сильно затеняет и угнетает многие сорные растения, после уборки остается много пожнивных остатков (от зеленой массы, корней и клубней) и резко увеличивается количество дождевых червей.

В связи с возрастающим спросом на экологически чистые продукты питания топинамбур может оказаться одной из немногих культур, отвечающих этим требованиям. Во-первых, возможно получение рентабельных урожаев практически без каких-либо минеральных и органических удобрений; во-вторых, практически во всех зонах возделывания топинамбура у него нет вредителей и болезней (за редким исключением небольших очагов склеротинии), что позволяет обходиться без пестицидов. Кроме того, многими исследованиями установлено, что клубни топинамбура обладают низким коэффициентом накопления нитратов, тяжелых металлов и радионуклидов даже в зонах с техногенным загрязнением.

СОРТА ТОПИНАМБУРА

В связи с увеличением интереса к топинамбуру как к культуре для последующей промышленной переработки, появилась потребность в сортах с определенными технологическими характеристиками, при этом они будут различными по агроклиматическим зонам возделывания. В числе основных требований к сортам топинамбура для промпереработки можно назвать:

- выровненность клубня, то есть поверхность его должна быть ровной, без углублений (глазков) и наростов (деток);
- «рыхлое» гнездо, то есть длина столонов должна быть не менее 2–5 см и не более 15 см;
- размерность клубней, то есть клубни в гнезде должны быть на 80–90% однородны по размеру и иметь средний вес в пределах 50–100 г.

Кроме того, наиболее перспективны сорта, накапливающие к моменту уборки наибольшее количество фруктанов. При этом важно иметь как минимум два сорта по скороспелости с целью обеспечению технологичности в осенний период уборки и закладки на зимнее хранение для последующей переработки.

В настоящее время в России имеется много районированных сортов. Наибольший интерес представляют скороспелые и позднеспелые сорта.

На 2002 год в Государственный реестр селекционных достижений, дающий право размножать, вводить и реализовывать семена и посадочный материал, включено всего четыре следующих сорта топинамбура и один сорт топинсолнечника (гибрид топинамбура и подсолнечника).

Выльгортский. Клубни желтые, удлиненной формы. Прекрасно сохраняются в почве в условиях суровой зимы, устойчивы к весенним заморозкам. Оригинатор – Институт биологии Коми научного центра Уральского отделения РАН.

Интерес. Клубни белые, правильной формы, кожица гладкая, глазки средние, глубокие. Требователен к влаге, но может переносить временную засуху. Сорт отличается жаростойкостью и одновременно холодостойкостью. Оригинаторы – Майкопская станция ВНИИР, ООО КФХ «Топинамбур», ООО «Родник здоровья «ИКСИ».

Находка. Клубни белые, грушевидной формы, с розовым окаймлением вокруг глазков. В почве клубни располагаются компактно. Оригинатор – Майкопская станция ВНИИР.

комплекта звездочек или если на вычерпывающем диске снять шесть ложечек, то есть через одну.

Для обеспечения необходимой густоты стояния используются клубни весом 20–50 г, при этом норма высадки составит 1,0–1,5 т/га. Глубина посадки в пределах 8–10 см.

Уход за посадками заключается в следующем. В зависимости от засоренности участка проводится довсходовое боронование и по всходам, одна или две междурядные обработки культиватором (КОН-2.8; КРН-4.2). При достижении растениями высоты 30–40 см необходимо провести доокучивание. В условиях Сибири растения топинамбура легко переносят первые осенние заморозки и бывают зелеными до начала октября.

Способы и сроки уборки зеленой массы зависят от предназначения данного посевного участка. Если зеленую массу планируется использовать в качестве зеленой подкормки животным или для силосования, уборку начинают производить в момент массового цветения топинамбура, при этом заготавливается корм с повышенными кормовыми качествами и максимальным содержанием каротина. Как показала практика, можно успешно и рентабельно готовить витаминно-травяную муку (лучше в гранулированном виде) для последующего использования в птицеводстве и свиноводстве.

На садово-огородных участках под топинамбур рекомендуется отводить полосы вдоль улиц, что создаст зеленый барьер от пыли и шума, а также устранит затенение для других садовых культур, поскольку только в августе растения достигают высоты 2–2,5 м.

Участок рекомендуется вскапывать на глубину плодородного слоя с предварительным внесением органики (компоста) из расчета 10 кг на 1 м^2.

Посадочный материал топинамбура можно высаживать как целыми клубнями любого размера, так и разрезанными (разделенными) на части по количеству почек (деток). Если к моменту посадки клубни завяли, то их следует поместить в емкость с водой до полного восстановления тургора. Хорошей всхожестью обладают и клубни, которые подгнили до 50% и более.

Уход за топинамбуром на садово-огородном участке в течение вегетации минимален. Требуется поддерживать почву в рыхлом состоянии и обязательно создавать гребень для лучшего клубнеобразования.

В засушливый период топинамбур более устойчив, чем другие огородные растения, но в то же время очень отзывчив урожаем на полив.

До настоящего времени в большинстве регионов России на посадках топинамбура не отмечено вредителей и болезней растения, что позволяет полностью исключить применение ядохимикатов.

Для получения посадочного материала (клубней) хорошего качества зеленую массу рекомендуется оставить на зиму (или убирать на максимальной высоте среза) и не выкапывать клубни из почвы. Это объясняется тем, что в условиях Сибири стандартный посадочный клубень формируется в конце сентября. При подмерзании зеленой массы происходит отток питательных веществ в клубни, что увеличивает их средний вес и улучшает качество. В этом случае клубни убирают весной и сразу используют для посадки. В промышленных объемах хорошо зарекомендовал себя осенний срок посадок топинамбура, до начала замерзания почвы.

При использовании посева данного года *с целью получения силоса и клубней на корм* уборка зеленой массы проводится во второй половине сентября с использованием традиционной силосоуборочной техники. При намерении использовать клубни осенней копки *для промпереработки* необходимо подобрать такой набор техники для среза и выхода зеленой массы, который обеспечил бы максимальное сохранение гребней. Уборка зеленой массы проводится на высоком срезе. Перед наступлением устойчивых холодов до начала замерзания почвы убираются клубни посредством использования картофелекопалок (МТЗ-80+КСТ-1.4) или картофелеуборочных комбайнов (ККУ-2, КПК-2).

При использовании топинамбура только *в виде зеленой массы* скашивание производится по мере надобности. Клубни в данном случае не выкапываются. Осенью или рано весной производится перепашка участка с последующим дискованием.

После появления зеленой поросли от оставшихся в почве клубней проводится боронование, при высоте растений 10–15 см выполняется букетировка пропашным культиватором со стрельчатыми лапами и одновременной подкормкой минеральными удобрениями.

На второй и последующий год, при условии перезимования клубней в почве, вначале производится их уборка. Часть мелких клубней просыпается через уборочные органы сельхозмашин и остается на поверхности почвы. Затем обязательно проводится перепашка участка плугом с отвалом на глубину 20–25 см, безотвальная перепашка или дискование, после чего проводится формирование гребней культиватором-окучником (КОН-2.8) с одновременной подкормкой минеральными удобрениями N60 P60 K90 на гектар. Дальнейший уход заключается в бороновании, культивации и окучивании.

Зеленая масса второго и последующих лет используется в качестве зеленой подкормки животным, для получения травяной муки, гранул и на силос.

На садово-огородных участках выращенный урожай можно использовать в различных целях. Зеленая масса может быть заготовлена для кормления кроликов, свиней, кур, индеек и других животных, включая домашних хомячков и птиц. Для этого ботву вместе с листьями убирают после наступления повторяющихся заморозков, оставляя несрезанной часть стебля высотой 20–30 см. Сложить ботву нужно так, чтобы не допустить подгнивания, подпревания массы. В случае использования зеленой массы в лечебных и пищевых целях (цветущие сорта убираются в стадии начала цветения) ботва должна быть подсушена в затененном проветриваемом помещении. Высушенная ботва может служить ценным кормом на зимний период. Для кормления свиней массу рекомендуется нарубить и запарить. В корм могут пойти и выкопанные корневые остатки (корчи) как в свежем, так и в запаренном виде. Кормление животных можно начинать по мере отрастания боковых побегов, но это ведет к снижению урожая клубней. Не используемая на кормовые цели ботва может служить прекрасным покрывным материалом для участков с клубникой, малиной и других неморозостойких растений.

Наибольший агроэкономический эффект возделывания топинамбура достигается в среднем за пятилетний цикл. В год ликвидации плантации (после уборки клубней, перепашки, дискования) проводят подсев овса, вики, гороха, которые с появившейся порослью от оставшихся в почве клубней образуют укосную массу, богатую белком. Затем поле в июле перепахивают «наперегар» и по мере появления поросли дискуют или культивируют (КПТ). Целесообразно на этом поле посеять озимую рожь с подсевом многолетних трав на зеленый корм. Для очистки поля от поросли можно применить гербициды — 2,4Д, прометрин, трефлан, парокват и др.

В условиях Сибири целесообразно на следующий год поле оставить под чистым паром, учитывая, что с урожаем за прошедшие годы было вынесено из почвы значительное количество минеральных веществ.

На малых плантациях, в ликвидационный год посадок топинамбура, достаточно уничтожать появляющиеся всходы.

Использование агротехнических приемов даже в Магаданской области, где земледелие очень затруднено из-за сложных почвенно-климатических условий, позволяет получить урожай топинамбура в среднем 420 ц/га зеленой массы, а некоторые скороспелые сорта превысили и этот показатель. Кроме того, урожай клубней семенных стандартов в этих условиях засухи составил в среднем до 800 ц/га (а на отдельных участках и 1000–1100 ц/га) зеленой массы и до 240 ц/га клубней.

В целом в суровых агроклиматических условиях Сибири урожайность зеленой массы достигает 1600 ц/га, а клубней — 640 ц/га. Топинамбур в этих условиях может быть страхующей культурой с гарантией урожайности зеленой массы до 300 ц/га, а клубней — 60 ц/га.

В большинстве регионов европейской части России гарантированный урожай зеленой массы топинамбура силосных сортов составляет 400–600 ц/га и 200–300 ц/га клубней.

ХРАНЕНИЕ КЛУБНЕЙ ТОПИНАМБУРА

Свойство клубней перезимовывать в почве позволяет обходиться без особых хранилищ, так как они сохраняются в земле невыкопанными лучше, чем в подвалах или буртах. Худшая сохранность невыкопанных клубней в поле отмечается в районах Сибири с малым снежным покровом зимой (Бурятия, Читинская обл.)

Слабую лежкость на открытом воздухе объясняют тонким пробковым слоем клубней и высоким содержанием сахаров, вследствие чего они быстро вянут и подвержены воздействию микроорганизмов, для которых являются прекрасным питательным субстратом.

Клубни, выкопанные осенью с целью сохранения для переработки и для скармливания животным, могут храниться не в специальных хранилищах. Для этого возможно закладывание отсортированных от земли и посторонних примесей клубней топинамбура в любую тару (контейнеры, ящики, мешки) с последующим хранением в необогреваемом легком хранилище. Клубни можно хранить в наземных буртах: длиной 2–3 м, шириной 1,5–1,8 м, высотой до 1 м. После наступления устойчивой морозной погоды (–5–10 °C) и подмерзания клубней бурт укрывают соломой, землей, торфом. С целью предотвращения попадания талых вод весной площадку требуется обеспечить водосточными бороздами.

В последние годы определился сибирский метод хранения клубней в траншеях и ямах. Выбирается участок на возвышенных, сухих местах с обеспечением сохранности клубней от мышей (используют хвойную лапку или облив края хранилища дизельным топливом). Размеры хранилища выбираются исходя из объемов хранения, возможности механизации земляных работ. Главным критерием является засыпка клубней на хранение слоем не более 1,5 м. Рекомендуется при послойной засыпке пересыпать клубни песком или гидролизным лигнином (опилки, солома не подойдут для этих целей по причине возможного биологического возгорания массы клубней). Устанавливается приточно-вытяжная вентиляция, представляющая собой трубы или короба, устанавливаемые в траншею (яму). Труба приточной вентиляции устанавливается на глубину 1,2–1,5 м, а вытяжная — на глубину 35–40 см. Приточно-вытяжная вентиляция должна устанавливаться на каждые 8–10 т хранимых клубней. Через вентиляционные короба возможен зимний контроль за режимом хранения и температурой. Осенью можно быстро охладить хранилище через открытую вентиляцию. При установлении температуры в хранилище в пределах 0 °С вытяжка закрывается и утепляется. Ближе к марту-апрелю нужно обратить внимание на температуру хранения и не допустить возможного весеннего «возгорания» массы.

При *малых объемах заготовок* и необходимости зимнего потребления клубней рекомендуется хранить их в подвале (погребе) или нижнем отсеке бытового холодильника. Хорошие результаты дает пересыпка клубней песком, гидролизным лигнином, торфом или перекладка мхом. За хранением нужно следить, так как складывающийся режим температуры и влажности в подвале может вызвать порчу клубней — высыхание или загнивание. Хорошо сохраняются клубни топинамбура в полиэтиленовых мешках, завязанных после засыпки в них клубней.

Необходимо отметить, что слабой лежкостью будут обладать травмированные (механически) клубни после копки из увлажненного участка или поздней уборки (подмерзание и оттаивание в почве после осенних резких холодов).

В пищу и для переработки можно использовать и замороженные клубни, которые перед употреблением помещают в холодную воду для медленного оттаивания.

При соблюдении необходимых условий топинамбур, убраннный осенью, вполне можно сохранить до весенней посадки. Это дает возможность значительно удлинить период кормления животных и сохранить посадочный материал. Хранение в хранилищах клубней оправдано в первую очередь в тех районах, где урожай их значительно превышает семенные потребности.

В сложившихся экономических условиях для промышленности предпочтительно использовать малозатратные технологии хранения. В последние годы апробирована технология хранения клубней для последующей переработки в зимний период (октябрь – апрель) в одном хранилище от 50 до 500 т. Хранилище на 50–200 т практически не позволяет осуществлять достаточную механизацию загрузки-выгрузки, но в них можно поддерживать оптимальный режим хранения без дополнительного оборудования, только приточно-вытяжная вентиляция.

Наиболее предпочтителен вариант заглубленного или полузаглубленного хранилища, и в 1980–90-е годы они строились для хранения картофеля в активно вентилируемой среде. В таких хранилищах для клубней топинамбура, в отличие от картофеля, не нужны отопительные агрегаты, а имеющаяся система вентиляции должна обеспечить достаточно быстрое охлаждение хранилища в период закладки топинамбура и поддержание стабильно пониженной температуры (до –15°С). При этом важнейшее условие приобретает удаление излишней воздушной влаги и недопущение резких колебаний температуры в течение суток (день-ночь).

Перед закладкой на зимнее хранение клубни топинамбура не должны иметь в своей массе более 10% земли, тем более сырой. Нельзя закладывать мокрые клубни, или клубни, до этого находившиеся более 7–10 дней в буртах вне хранилищ, если в этот период температура воздуха была выше +15 °С. В период хранения обязателен еженедельный досмотр за состоянием клубней, и при первых же признаках порчи (увлажнение, пятна плесени) контейнер (сусек) требуется незамедлительно направить на сортировку и переработку.

Перспективным является способ хранения топинамбура в *модифицированной газовой среде* (МГС). МГС является одной из разновидностей хранения в регулируемой газовой среде (РГС). Модификация газовой среды создается, когда клубни помещают в герметически закрытую емкость.

Хранение в МГС — простой и доступный способ хранения, не требующий дополнительных затрат на строительство хранилищ. Упаковка клубней в полиэтиленовые пакеты и хранение их при температуре +2 °С является одним из видов МГС. Полиэтиленовая пленка обладает эластичностью, низкой водо- и газопроницаемостью, стойкостью к кислотам и щелочам, легкой сворачиваемостью. При упаковке клубней в полиэтиленовую пленку благодаря ее низкой проницаемости создается высокая относительная влажность воздуха, препятствующая испарению влаги. В результате дыхательного газообмена клубней увеличивается содержание углекислого газа и снижается количество кислорода, тем самым происходит автоконсервирование.

Разработан метод упаковки и хранения клубней *в пакетах из полиэтилена* толщиной 40–50 мкм, длиной 45–62 см и шириной 15 см. Клубни, подлежащие закладке, должны быть совершенно здоровыми, без механических повреждений, вымыты и высушены. Затем их укладывают в 3 ряда, а при наличии очень крупных — в 2 ряда, после чего пакет герметически закрывают зажимом из полихлорвинила. Заполненные пакеты укладывают рядами по длине и ширине стандартного ящика и помещают в холодную камеру с температурой, равной 2 °С, или в холодное хранилище.

В промышленных условиях предполагается осуществлять закладку сырья в контейнеры вместимостью 250–500 кг с полиэтиленовыми вкладышами. Возможно также использование штабелей контейнеров и ящиков с покрытиями из полиэтиленовой пленки, которая фиксируется на штабеле с помощью вертикальных и горизонтальных планок. Хранение тары с клубнями предполагается в холодильниках или в неохлажденных хранилищах, в которых поддерживается температура в пределах 0–4 °С. Рекомендуемый способ хранения клубней топинамбура в МГС позволяет сохранить качество исходного сырья, экономичен и удлиняет сроки возможности переработки клубней в промышленности.

ТОПИНАМБУР В ДОМАШНЕЙ КУЛИНАРИИ

Клубни топинамбура употребляют в сыром, вареном, жареном и тушеном виде, а также готовят компоты, чай, кофейный и другие напитки. Кроме того, топинамбур можно консервировать и сушить.

Лучше всего использовать свежие клубни, взятые из почвы или из хранилища (холодильника). Употреблять топинамбур можно как в очищенном виде, так и вместе с кожицей. Но в последнем случае протертая масса будет иметь сероватый непривлекательный вид, что ухудшает внешние качества блюда, особенно салатов. Очищенные клубни и масса из них имеют светлую окраску, но теряется большое количество железа и кремния, содержащихся в кожице и непосредственно под ней.

Чистить клубни лучше костяным, деревянным или из нержавеющей стали ножом и до употребления или кулинарной обработки держать в холодной воде. Подготовленную массу натертого на терке топинамбура можно опустить на несколько минут в воду, подкисленную лимонной кислотой или столовым уксусом. Дать воде стечь. Этот прием поможет уберечь протертый топинамбур от потемнения.

В большинстве рецептов дается примерное соотношение входящих в них компонентов.

В рецептах салатов читатель может сам варьировать набор компонентов соответственно своему желанию. Поскольку топинамбур не обладает резким вкусом, его можно добавлять практически во все салаты. Это не изменит вкус блюда, а сделает его полезнее.

ЗАГОТОВКИ ВПРОК

Консервирование топинамбура

В стеклянную банку уложить очищенный топинамбур, лук или чеснок, морковь и залить томатным соком и уксусом (50 г на 1 л заливки). Пропастеризовать.

Топинамбур квашеный

Сырые клубни нарезать тонкими дольками, уложить в стеклянную, эмалированную или деревянную посуду, залить подсоленной водой (на 1 л воды — 2 ст. ложки соли).

После окончания брожения их можно добавлять в салаты, винегрет. Хранить в холодном месте.

Топинамбур сушеный

Вариант 1. Тщательно промыть клубни, нарезать ломтиками и высушить в духовке при 70 °С. «Сухарики» из топинамбура хранить в мешочке из хлопчатобумажной ткани. Употреблять в пищу с молоком, чаем, кофе, добавлять в компот при варке.

Вариант 2. Клубни топинамбура промыть, нарезать тонкими дольками и высушить в тени при комнатной температуре. Сушеные дольки можно использовать в пищу. Сухой топинамбур имеет сладковатый вкус.

Порошок из сушеного топинамбура

Сушеный топинамбур (см. рецепт выше) измельчить в ступке или кофемолке.

Порошок топинамбура хранить в полиэтиленовой или стеклянной таре до его использования.

Для приготовления порошка, который затем будет использоваться для подкрашивания напитков, дольки или порошок сушеного топинамбура прожарить на сковородке или в духовке при 250 °С, тщательно перемешивая.

Листья топинамбура сушеные

Листья, собранные (июль-сентябрь) с верхнего яруса стебля растения, сушить в защищенном от солнца месте, в проветриваемом помещении.

Высушенные листья можно использовать для приготовления настоев и чая.

Зеленая масса топинамбура сушеная

Листостебельную массу срезать в период массового цветения (август-сентябрь), сушить в защищенном от солнца, проветриваемом месте.

Высушенную массу можно использовать для приготовления лечебного средства наружного применения.

Консервированный салат из топинамбура и моркови с лимоном

Топинамбур и морковь вымыть, очистить, еще раз промыть и нашинковать соломкой.

Лимон вымыть и натереть на мелкой терке вместе с кожурой. Смешать натертый лимон с нашинкованными овощами, посолить по вкусу и выдержать до появления сока.

Затем расфасовать салат в прокипяченные банки и поставить пастеризовать в кипящую воду (банки 0,5 л – 10 минут, банки 1 л – 15–20 минут), после чего сразу же закатать.

Топинамбур в маринаде

Топинамбур вымыть, очистить тонко от кожуры, нарезать кубиками, опустить в подсоленную воду.

Лимон вымыть, нарезать кусочками, залить кипящей водой, варить 5 минут, добавить сахарный песок. После растворения сахара добавить топинамбур, варить еще 3 минуты.

Кипящую массу разлить в стерилизованные банки, пастеризовать в кипящей воде, закрыть крышками.

Топинамбур, консервированный в облепиховом соке

Топинамбур вымыть, тонко очистить, нарезать кусочками, залить облепиховым соком и водой, добавить сахарный песок и довести все до кипения. Затем топинамбур уложить в прокипяченные банки, сразу залить отваром, в котором он варился, прикрыть крышками, пастеризовать в кипящей воде и сразу же закатать.

Заготовку по этому рецепту можно приготовить и без сахара.

Топинамбур, маринованный с морковью и перцем

Топинамбур и морковь вымыть, очистить от кожуры, нарезать ломтиками, уложить в стерильные банки, залить маринадом, накрыть крышкой и пастеризовать. Закатать.

САЛАТЫ

Салат из топинамбура с черносливом

Топинамбур вымыть, отварить в подсоленной воде, очистить, нарезать кусочками. Курагу и чернослив вымыть, отварить в небольшом количестве воды, нарезать мелко (косточки у чернослива удалить). Смешать с топинамбуром, заправить сметаной.

Салат из репы и топинамбура с репчатым луком

Топинамбур и репу промыть, очистить, натереть на крупной терке, добавить мелко нарезанный репчатый лук и зелень укропа, заправить растительным маслом, полить лимонным соком, перемешать.

Салат из топинамбура с яйцом

На 3 клубня топинамбура массой 30–50 г — 1 яйцо.

Клубни топинамбура натереть на крупной терке.

Сварить вкрутую яйца, нарезать их тонкими ломтиками, аккуратно перемешать с топинамбуром, посолить по вкусу, добавить зелень и заправить сметаной.

Салат из топинамбура с репчатым луком

1 часть репчатого лука, 1 часть топинамбура.

Лук нарезать толстыми кольцами, сложить в эмалированную посуду. Вскипятить 1,5 стакана воды, подкислить столовым уксусом и кипящей смесью залить лук. Закрыть крышкой и дать луку остыть. Слить воду через дуршлаг. На крупной терке натереть топинамбур, смешать с луком и заправить майонезом. Солить по вкусу.

Салат из топинамбура с тыквой

3 части топинамбура, 2 части тыквы, 1 часть яблок; лук репчатый, огурец соленый, сметана в качестве приправы, соль — по вкусу.

Клубни топинамбура нашинковать. Добавить тыкву, нашинкованную на крупной терке. Отжать сок. В салат добавить нарезанные сладкие яблоки, немного репчатого лука, соленый огурец (мелко нарезанный). Приправить сметаной.

Салат из топинамбура с кукурузой и яйцами

Топинамбур очистить, залить крутым кипятком и отварить в течение 5 минут. Яйца отварить вкрутую, очистить, охладить. Соединить порубленные кубиками топинамбур, яйца и консервированную кукурузу, заправить майонезом, перемешать.

Салат «Аметист»

На крупной терке натереть топинамбур. Лук и капусту мелко нашинковать. Заправить майонезом и хорошо размешать. Посолить по вкусу.

Салат «Бодрость»

1 часть топинамбура, 2 части капусты, 1 часть моркови.

Свежую капусту нашинковать и перетереть с солью, чтобы стала мягкой. Топинамбур и морковь натереть на крупной терке. Все перемешать. Можно добавить мелко нарезанную зелень петрушки или сельдерея по вкусу.

Перед подачей на стол заправить растительным маслом с уксусом или сметаной.

Салат «Здоровье»

1 часть топинамбура, 1 часть свеклы, майонез, соль, чеснок — по вкусу.

Свеклу сварить или запечь в духовке. Клубни топинамбура и подготовленную свеклу очистить и натереть на мелкой терке. Все смешать с майонезом. Добавить соль по вкусу. Можно добавить чеснок.

Салат «Весенний»

2 части топинамбура, 1 часть моркови, масло подсолнечное и соль — по вкусу.

Топинамбур и морковь вымыть, почистить и натереть на мелкой терке. Салатную массу перемешать. Добавить по вкусу соль. Заправить растительным маслом.

Салат «Летний»

4 части топинамбура, 1 часть помидоров, 1 часть огурцов, 1 яйцо; в виде приправы — зелень, лук репчатый, чеснок, сметана, соль по вкусу.

Клубни топинамбура промыть, очистить и нашинковать на крупной терке. Добавить помидоры, огурцы. Нарубить сваренное вкрутую яйцо. Добавить зелень: петрушка, сельдерей, салат, зеленый лук, укроп. Добавить мелко нарезанный лук репчатый, чеснок. Заправить сметаной, солить по вкусу.

Салат «Осенний»

2 части топинамбура, 2 части квашеной капусты, 1 часть яблок и лука; соль — по вкусу.

Квашеную капусту откинуть на дуршлаг и дать стечь рассолу. Клубни топинамбура натереть на крупной терке. Лук нарезать кольцами. Яблоки нарезать ломтиками. Все перемешать, сложить в салатник и заправить сметаной. Украсить зеленью петрушки и укропа.

Салат «Зимний»

2 части топинамбура, 1 часть моркови, огурец и репчатый лук — по вкусу.

Клубни топинамбура натереть на крупной терке. Добавить протертую морковь, мелко нарезанный соленый огурец и репчатый лук. Заправить майонезом. При необходимости посолить.

Винегрет овощной с топинамбуром

На 4–5 картофелин: 3–4 клубня топинамбура, 1 свекла, 1 морковь, 2 соленых огурца, 100 г квашенной капусты, 2–3 ст. ложки растительного масла, 1 ч. ложка горчицы, 0,25 стакана столового уксуса, соль и сахар по вкусу.

Вареные картофель, свеклу и морковь нарезать ломтиками, кубиками или соломкой. Добавить квашеную шинкованную капусту, мелко нарезанные огурцы и репчатый лук. Топинамбур можно класть в винегрет вареным и сырым, нарезанным мелкими кубиками. Все овощи аккуратно смешать, заправить растительным маслом, уксусом, солью, перцем, горчицей или майонезом.

Перед подачей на стол уложить в салатник, украсить ломтиками свеклы, моркови и посыпать зеленым луком и укропом.

ВЕГЕТАРИАНСКИЕ СУПЫ
(старинные рецепты)

Скорый суп из топинамбура

Вскипятить 4 стакана молока, добавить полную ложку муки, смешанной с 2 полными ложками масла сливочного, вскипятить. Добавить тертой сырой земляной груши, 0,5 ч. ложки крошеной петрушки. Кипятить 5 минут и подавать.

Суп из топинамбура

Из 600 г свежих, перемытых и разрезанных пополам кореньев моркови, петрушки, сельдерея, порея и луковицы сварить бульон в 15 стаканах воды, процедить, коренья отбросить. 800 г земляной груши вымыть и не чистя опустить в холодную воду, раз вскипятить, откинуть на сито, очистить, изрезав, залить процеженным бульоном, добавить ст. ложку масла, 0,5 ложки муки и сварить до мякоти, затем протереть сквозь сито, добавить соли по вкусу. 2 желтка, разболтанных в 0,5 стакана сливок, и, мешая, подогреть до горячего состояния, не давая вскипеть.

Суп из топинамбура и гречки

Лук очистить и мелко нарезать. Топинамбур и морковь вымыть, очистить, нарезать тонкими кружочками. Гречневый продел залить крутым кипятком и проварить 10 минут. Измельченные овощи спассеровать на сливочном масле (все вместе), залить небольшим количеством воды и варить 10 минут, затем, залив кипящим молоком и соединив с разваренным гречневым проделом, варить еще 5 минут. При подаче на стол в каждую тарелку добавить по 2 ст. ложки свежеотжатого морковного сока и 1 ст. ложку протертых ядер любого ореха.

Суп гороховый с топинамбуром

Горох промыть, замочить в воде на 4 часа и отварить в этой же воде до готовности. Морковь вымыть, нашинковать соломкой. Лук репчатый очистить, мелко нарезать и спассеровать вместе с морковью на растительном масле. Топинамбур вымыть, очистить, натереть на крупной терке и добавить в кипящий гороховый суп вместе с пассерованными овощами. Одновременно вложить туда же лавровый лист и размятые горошины черного перца. Прокипятить еще 3 минуты и снять с огня. Подавать, заправив измельченной свежей зеленью.

Суп из топинамбура с сыром

Морковь и топинамбур вымыть, очистить, нашинковать на крупной терке. Лук очистить и мелко нарезать. Сыр натереть на крупной терке. Морковь и лук спассеровать на растительном масле. Нашинкованный топинамбур залить кипятком, отварить до готовности, добавить пассерованные овощи, прокипятить 2–3 минут, посолить по вкусу. При подаче на стол заправить измельченной зеленью.

Вместо сырого топинамбура для этого супа можно использовать нарезанный ломтиками сушеный топинамбур.

Такой суп рекомендуется для профилактики диабета и для тех, кто не хочет полнеть.

Суп из топинамбура с клецками

Топинамбур вымыть, очистить, натереть на крупной терке. В натертую массу добавить яйца и муку, посолить, перемешать и взбить все вилкой. Муки добавляется столько, чтобы взбитая масса по консистенции была похожа на густую сметану. Приготовленную смесь порциями примерно в половину ст. ложки забросить в кипящий, заранее приготовленный бульон и отварить, пока сформованные таким образом клецки не всплывут на поверхность. Суп с клецками из топинамбура можно сварить на любом бульоне — мясном, курином, грибном, овощном и на молоке.

Суп из сушеного топинамбура

Картофель вымыть, очистить, нарезать брусочками. Лук очистить и мелко нарезать. Морковь и белые коренья (петрушка, пастернак или сельдерей) вымыть, очистить, нашинковать и спассеровать на растительном масле вместе с репчатым луком. Сушеный топинамбур залить холодной водой, довести до кипения, забросить приготовленный картофель и варить все до готовности, добавив в конце варки пассерованные овощи и посолив по вкусу. Подавать, заправив сметаной и измельченной свежей зеленью.

ГОРЯЧИЕ БЛЮДА И ГАРНИРЫ
(старинные и новые рецепты)

Топинамбур вареный

Варить клубни в кожуре, затем снять ее. Это лучший способ сохранить аромат.

Если клубни очищены от кожуры перед варкой, то их следует нарезать тоненькими ломтиками и варить на пару, плотно уложив в минимальном количестве воды, почти сухими.

Клубни небольших размеров кипятить таким образом на малом огне минут 15–20. После этого приправить их маслом, лимонным соком или мускатным орехом по вкусу.

Аромат может быть усилен при варке в молоке или мясном бульоне за счет добавления 1 ст. ложки крошеного лука (из расчета на каждые 400 г клубней). Можно добавить крошеный сельдерей, порей.

Подавать в соусе.

Топинамбур под красным соусом

800 г клубней очистить и положить в воду, куда добавлен уксус, чтобы не чернела. Когда все клубни будут перечищены, вынув из воды, положить их в сотейник с маслом и прибавить соку из 1 лимона, посолить, накрыть крышкой и поставить на сильный огонь.

Когда зарумянятся, перевернуть на другую сторону, облить красным соусом и продолжать томить до мягкости, после чего, вынув, уложить на блюдо и облить тем же соусом, в котором томилась груша. Можно немного добавить сахару.

Топинамбур по-польски

Клубни очистить, отварить в соленой воде, выложить на блюдо и облить маслом с поджаренными сухарями.

Топинамбур, жаренный в кляре

1 кг очищенных клубней отварить в слегка подсоленном кипятке, откинуть на решето.

Приготовить кляр с желтками и белками. Обмакивая в него клубни, опускать их затем в кипящее масло и обжаривать.

Обжаренные в масле клубни выложить на блюдо и украсить веточками зеленой петрушки.

Топинамбур печеный

Клубни печь в кожуре 30–60 минут в зависимости от величины при малом огне.

Есть можно с маслом, не снимая кожуры, или, сняв ее, приправить солью, перцем. Получается приятно пахнущее блюдо.

Топинамбур en casserole

Почистить клубни, положить в кастрюлю целыми или нарезанными, плотно закрыть крышкой и протомить на малом огне до полной готовности 30–60 минут, отодвигая крышку, если нужно выпарить избыток влаги. Приправить маслом, солью, перцем. Можно добавить сыру, или тертой, жаренной на масле булки, или того и другого вместе.

Топинамбур жареный с зеленью

1 кг топинамбура, 0,5 стакана растительного масла, соль, зелень и лук — по вкусу.

Клубни топинамбура очистить, нарезать ломтиками, брусочками или соломкой, обсушить салфеткой и поджарить на растительном масле до образования румяной корочки. Солить по вкусу. В конце приготовления можно добавить нарезанный репчатый лук.

Готовый топинамбур положить на тарелки и посыпать мелкорубленой зеленью петрушки и укропа. Использовать как гарнир к мясу, котлетам и рыбе, а также и как самостоятельное блюдо.

Топинамбур, жаренный во фритюре

1 кг топинамбура, 200 г жира для жарения.

Клубни топинамбура тщательно промыть, нарезать соломкой, кружочками или мелкими ломтиками. Обсушить салфеткой. Распустить жир или растительное масло в глубокой сковороде или кастрюле и, когда он закипит, класть в него порциями подготовленный топинамбур, жарить на сильном огне, постоянно встряхивая. Вынимать шумовкой на блюдо, можно посолить по вкусу.

Топинамбур, сваренный на пару

Очищенные клубни отварить на пару.

Заранее приготовить соус для заливки, лучше грибной. Для соуса необходимо муку, поджаренную на сливочном масле, размешать с грибным бульоном и сметаной, посолить по вкусу и дать закипеть. Заправить перцем, лавровым листом и через 5 минут снять с огня. Добавить в соус сливочное масло и рубленую зелень петрушки и укропа.

Готовым соусом полить отварные клубни и подавать на стол горячими.

Топинамбур, тушенный в сметане

1 кг топинамбура, 1,5 стакана сметаны, 2 луковицы, соль — по вкусу.

Клубни нарезать ломтиками, слегка обжарить в масле с репчатым луком. Сложить в хорошо закрывающуюся посуду. Залить сметаной, посолить по вкусу, плотно закрыть крышкой. Поставить в духовой шкаф и тушить до готовности.

Топинамбур, тушенный в томатном соусе

Лук очистить, мелко нарезать и спассеровать на растительном масле. В конце пассерования добавить томатную пасту и муку. Пассерованную массу разбавить 1 стаканом кипятка или бульона. Топинамбур вымыть, очистить, припустить, залив кипятком, затем уложить в кастрюлю, залить разбавленной пассерованной массой и тушить на медленном огне до готовности.

Подавать можно в горячем и холодном виде, посыпав измельченной свежей зеленью.

Топинамбур, запеченный с салом

Топинамбур вымыть, очистить и в каждом клубне вырезать по всей длине сектор-пластинку на глубину не более половины толщины клубня. В образовавшийся вырез уложить посоленные ломтики сала с растертым чесноком. Нафаршированные салом и чесноком клубни плотно завернуть в фольгу каждый в отдельности и, уложив на противень, запечь в духовке.

Подавать в горячем виде, посыпав измельченной зеленью.

Топинамбур, запеченный с сыром

Топинамбур вымыть, очистить, отварить, залив кипятком (без соли). Отваренный топинамбур уложить в сотейник или сковороду, посыпать тертым сыром и измельченной зеленью петрушки, залить сметаной и запечь в духовке.

Котлеты из топинамбура

1 кг топинамбура, 2 яйца, 100 г масла, 0,25 стакана муки, соль, сухари.

Клубни промыть, сварить в подсоленной воде. Пропустить через мясорубку, затем еще хорошо размять ложкой до получения однородной массы. Положить масло, яйца, муку, соль по вкусу. Сформовать котлеты, обвалять их в сухарях и жарить на растительном масле.

Запеканка из топинамбура с зеленым луком

1 кг топинамбура, 2–3 яйца, соль и лук — по вкусу.

Клубни топинамбура натереть на крупной терке, слегка поджарить в растительном масле. Затем, когда масса немного охладится, взбить яйца, посолить по вкусу и запечь в духовке.

Подавать в горячем виде, посыпав зеленым луком.

Запеканка из топинамбура с манной крупой

1 кг топинамбура, 2–3 яйца, 1–2 ст. ложки манной крупы.

Топинамбур натереть на терке, обжарить в растительном масле. Добавить манную крупу. Залить яйцами, взбитыми с молоком. Сахар добавить при необходимости по вкусу. Все перемешать и запечь в духовке.

Подавать запеканку со сметаной.

Икра из топинамбура

Помидоры вымыть, нарезать кусочками и спассеровать на растительном масле. Лук очистить и мелко нарезать. Топинамбур и морковь вымыть, очистить, нарезать мелко и спассеровать на растительном масле вместе с луком. Смешать все пассерованные овощи и тушить под крышкой на медленном огне 30 минут, затем посолить, добавить измельченную зелень петрушки и растолченный чеснок, перемешать.

Суфле из топинамбура с сыром

Топинамбур вымыть, очистить, нарезать ломтиками, припустить в сливочном масле и горячим протереть через сито. Протертую массу смешать со взбитыми сливками и мукой, добавив туда же взбитые яйца, посолить, перемешать, выложить на смазанную маслом сковороду, посыпать тертым сыром и запечь в духовке.

Топинамбур в тесте

Клубни топинамбура, сваренные в подсоленной воде, нарезать ломтиками и, обмакивая в тесто, замешенное немного гуще, чем блинное, обжаривать в подсолнечном масле.

Фрикадельки с топинамбуром

Мясо, лук, вымытый и очищенный топинамбур провернуть через мясорубку, посолить, поперчить, добавив яйцо, хорошо вымесить, сформовать шарики величиной с грецкий орех и опустить в кипящую подсоленную воду. Как только фрикадельки всплывут на поверхность, вынуть шумовкой. Подавать с любым гарниром или как самостоятельное блюдо с соусом из овощей или сметаны.

Котлеты мясные с топинамбуром

Топинамбур промыть, очистить и натереть на мелкой терке. Лук очистить и мелко нарезать либо также натереть на терке. Зелень промыть и мелко порубить. Мясо провернуть на мясорубке, добавив в мясной фарш приготовленные овощи и зелень, все посолить и поперчить по вкусу, тщательно перемешать. Из приготовленной массы сформовать котлеты и приготовить их на пару. При подаче на стол полить растопленным сливочным маслом либо подать со свежей сметаной, заправленной толченым чесноком и измельченной зеленью.

ВЫПЕЧКА И ДЕСЕРТЫ

Оладьи из топинамбура

1 кг топинамбура, 2 яйца, 2–3 ст. ложки муки, соль — по вкусу.

Натереть на терке сырой топинамбур, добавить яйца, муку, соль и тщательно перемешать.

Поджарить на сковородке с хорошо разогретым жиром или растительным маслом. Класть по 1 ст. ложке массы для каждой оладьи.

Подавать оладьи со сметаной.

Лепешки с топинамбуром

0,5 кг топинамбура, 2–3 яйца, 1 стакан кислого молока, 1 ч. ложка питьевой соды, 0,5 кг муки, соль — по вкусу.

К натертому на мелкой терке топинамбуру добавить яйца, кислое молоко (или кефир), соду, муку и тщательно размешать. Жарить на сковородке на жире или подсолнечном масле.

Булочки с топинамбуром

0,5 кг топинамбура, 1–2 яйца, 150 г сахара, 500–800 г муки, 10 г дрожжей, 1 ч. ложка соли.

Клубни топинамбура натереть на мелкой терке, добавить яйца, соль, сахар, муку, дрожжи. Полученную массу взбить и поставить в теплое место, периодически взбивая.

Через 6–8 часов поднявшееся тесто вновь взбить, добавляя муку до отсутствия налипания теста к рукам.

Тесто раскатать, нарезать небольшими кусочками, придать округлую форму. Разложить сформованное тесто на металлических листах, смазанных маргарином, выпекать в духовке при 200–250 °С.

Булочки с топинамбуром диетические

Рецептура аналогична вышеприведенному рецепту с исключением из состава сахара.

Печенье с топинамбуром

0,5 кг топинамбура, 2 яйца, 0,5 ч. ложки соли, 1 ч. ложка соды, до 200 г сахара (для диабетиков сахар из рецептуры исключить), 0,5 кг муки, 80–100 г маргарина.

Клубни топинамбура натереть на мелкой терке, добавить яйца, соль, соду пищевую, сахар, муку. Тщательно перемешать. Добавить при перемешивании растопленный маргарин.

Полученное тесто небольшими порциями разложить ложкой на смазанный маргарином лист. Выпекать в духовке при 200–250 °С.

Печенье с топинамбуром молочное

0,5 кг топинамбура, 2 яйца, 0,5 ч. ложки соли, 100–150 г творога (творог можно заменить 1 стаканом кислого молока или кефира), 1 ч. ложка соды, 100 г сахара, 80–100 г маргарина, 0,5 кг муки.

Клубни топинамбура натереть на мелкой терке, добавить яйца, соль, творог, соду пищевую, сахар, муку. Тщательно перемешать. Растопить маргарин и добавить при перемешивании в массу.

Полученное тесто небольшими порциями разложить ложкой на металлические листы, смазанные маргарином. Выпекать в духовке при 200–250 °С.

Начинка для пирожков

Клубни топинамбура натереть на крупной терке и смешать в равных пропорциях с квашеной капустой, яблоками, морковью.

Пюре яблочное с топинамбуром

Топинамбур и яблоки промыть, потушить в небольшом количестве воды, протереть через сито, добавить при желании мед и перемешать. Подавать как самостоятельное десертное блюдо.

НАПИТКИ

Сок из топинамбура и яблок

Топинамбур и яблоки вымыть, отжать соковыжималкой, пить свежеотжатыми.

Сок из топинамбура и тыквы

Топинамбур вымыть, обдать крутым кипятком, тыкву очистить, отжать сок, добавить сок лимона.

Компот-отвар из топинамбура

3 ст. ложки сушеных долек топинамбура, 1 л воды.

Сушеные дольки клубней залить водой, прокипятить, настоять не менее 30 минут и пить.

Кофейный напиток из порошка топинамбура

2 ч. ложки порошка топинамбура, 300 мл кипяченой воды.

Порошок топинамбура залить горячей кипяченой водой (температура 80–90 °C) и употреблять как кофе. Сахар и молоко добавлять по вкусу. Для больных сахарным диабетом употреблять без сахара.

Квас из стеблей топинамбура

Стебли топинамбура тщательно промыть, поскоблить ножиком, нарезать кусочками длиной 2–3 см и мельче. Засыпать кусочки стеблей в посуду на 3/4 объема, залить кипятком.

После того, как вода охладится до комнатной температуры, жидкость отфильтровать. Добавить хлебные дрожжи (10 г на 5 л раствора). Поставить раствор в теплое место на 1,5 суток.

После выстаивания квас осторожно отделить от осадка, охладить.

Морс из стеблей топинамбура

Подготовленные, как в предыдущем рецепте, стебли топинамбура измельчить, засыпать в кастрюлю на 2/3 объема. Залить холодной водой, кипятить 1,5–2 часа на медленном огне, не подливая воду. Охладить. При необходимости добавить по вкусу сахар.

Квас из клубней топинамбура

Нарезанные клубни залить кипяченой водой и поставить в теплое место. Через трое суток напиток готов к употреблению.

Вино из клубней топинамбура

5 кг топинамбура, 5 кг сахара, 0,5 кг изюма, 300 г риса, 20 л воды, немного сушеного топинамбура или фруктово-ягодного сиропа для подкрашивания.

Пропущенные через мясорубку клубни топинамбура смешать с сахаром. Добавить немытый изюм (с белым налетом, что дает хорошее брожение) и рис. Залить кипяченой водой.

Полученную смесь во фляге или бутылях поставить в теплое место для брожения. После того как масса осядет на дно, жидкость отфильтровать через сито и несколько слоев марли.

Полученный раствор можно подкрасить сушеным топинамбуром до коньячного цвета или любым фруктово-ягодным сиропом, затем слить в стеклянные бутыли, плотно закупорив пробками. Крепость вина будет зависеть от времени выдержки.

Фиточай из сушеного топинамбура

2 ст. ложки сушеных долек клубней, 300 мл воды

Сушеные дольки клубней залить водой, вскипятить и настаивать не менее 30 минут. Можно скомбинировать с обычным чаем, другими травами.

Чай из листьев топинамбура

1–2 ч. ложки сухих листьев топинамбура, 1 стакан кипятка.

Измельченные сухие листья топинамбура залить кипятком. Настаивать 20 минут.

ПРИЛОЖЕНИЯ

Приложение 1
Технология возделывания топинамбура сорта Скороспелка, адаптированная к условиям Центрального района России

З. И. Усанова, А. К. Осербаев
Тверская государственная сельскохозяйственная академия г. Тверь, Россия

В последние годы значительно вырос интерес к топинамбуру как культуре широких возможностей. Ценность ее определяется высокой экологической пластичностью и продуктивностью, экономичностью возделывания, уникальным химическим составом, универсальностью использования, устойчивостью к болезням и вредителям, возможностью производства продукции экологически чистым способом.

Для центральной России лучшим сортом топинамбура является Скороспелка (авторы Устименко-Бакуновский Г. В., Усанова З. И.). Производством уникальных семян данного сорта и разработкой технологии занимается Тверская государственная сельскохозяйственная академия. Сорт имеет самое широкое распространение в Нечерноземной зоне России, а также в ряде областей Черноземного Центра, в республике Беларусь и других регионах России и стран СНГ.

В Центральном районе России Скороспелка превосходит все другие сорта по клубневой продуктивности, технологичности, скороспелости.

Отличается ценным химическим составом. По нашим данным, содержание сахаров (на сухое вещество) в клубнях колеблется от 69,5 до 73,9%, в надземной массе от 40,0 до 43,9%, а белка — в клубнях до 6,31%, в листьях до 21,5%.

В состав клубней и надземной массы входят другие ценные химические вещества (микроэлементы, пектины, аминокислоты и др.). Благодаря своей технологичности и ценному химическому составу, сорт Скороспелка широко используется для получения диетических продуктов питания, лечебных препаратов.

Сорт Скороспелка представляет большую ценность также как кормовая культура. Силос из надземной массы превосходит по питательности кукурузный, а также из однолетних трав, ботвы кормовой свеклы и хорошо поедается всеми видами животных. Клубни могут использоваться в корм в свежем, запаренном и силосованном виде для сельскохозяйственных животным и птицы.

Нами разработана экологически безопасная технология производства топинамбура Скороспелка, адаптированная к условиям Центрального района России. Опыты и производственные испытания проводили в 1990–2001 годах на дерново-подзолистых почвах, супесчаных, легко и среднесуглинистых по гранулометрическому составу. Изучали влияние различных видов органических и минеральных удобрений, микроэлементов в виде солей и биометаллов, сроков и способов посадки, густоты стояния, фракций семенных клубней, биологических препаратов на формирование высокопродуктивных агроценозов, урожайность и качество урожая.

Лучшие варианты технологии возделывания позволяют получать на супесчаных и легкосуглинистых дерново-подзолистых почвах в благоприятные годы свыше 25 т/га сухой или 90 т/га сырой фитомассы, в том числе до 50 т/га клубней. В среднем за годы исследований урожайность клубней составляет 25–30 т/га, надземной массы — 30–35 т/га.

Для производства экологически чистой продукции рекомендованы варианты технологии с использованием в качестве удобрений биогумуса (5–10 т/га), хорошо подготовленного навоза (50 т/га); экологически чистые биологические препараты, а также другие элементы технологии возделывания. Например, применение осеннего срока посадки увеличивает урожайность клубней на 41–67 ц/га, чистый доход на 15,6–25,4 тыс. руб./га, рентабельность на 50–79%.

Технология основана на использовании комплекса машин, применяемых для возделывания картофеля. При урожайности надземной массы 30 т/га, клубней 30 т/га и уборке клубней картофелекопателем с ручной подборкой условно чистый доход с гектара составляет 96 тыс. руб., рентабельность производства 430%, а при уборке клубней комбайном ККУ-2А эти показатели увеличиваются до 101,9 тыс. руб. и 536%.

Нами разработаны варианты адаптивной технологии возделывания сорта Скороспелка для промышленной переработки и использования на кормовые цели в условиях Центрального района России.

Таким образом, топинамбур является высокорентабельной культурой. Применение разработанных нами технологий возделывания сорта Скороспелка обеспечивает получение высоких урожаев клубней и надземной массы, повышает качество продукции, вырабатываемой из этих органов растения, расширяет ассортимент диетических продуктов питания и лечебных препаратов.

Приложение 2
Производство порошка из клубней топинамбура

Н. К. Кочнев, М. В. Калиничева, С. Ю. Беглов
ООО «Родник здоровья ИКСИ»
ООО «Медицина и здоровье

В системе мер по профилактике и лечению заболеваний, в том числе профессиональных, особо возрастает роль медико-биологических мероприятий, среди которых важное место отводится лечебно-профилактическому питанию.

Основу профилактического питания составляет рациональное питание, построенное с учетом метаболизма ксенобиотиков в организме и роли отдельных компонентов пищи, оказывающих защитный эффект при взаимодействии химических соединений или вредном влиянии физических факторов.

Разработка и пропагандирование среди населения научно обоснованных рационов питания, построенных на включении в них доступных биологически активных и обладающих хорошими вкусовыми качествами ингредиентов, определяют возможности профилактики общей и профессиональной заболеваемости, повышение работоспособности трудящихся групп населения и увеличение общей продолжительности жизни в России, что особенно актуально в последнее десятилетие.

В связи с вышеизложенным, были изучены возможности получения из клубней топинамбура порошка топинамбура с повышенным содержанием в нем фруктозы. В отличие от традиционной технологии, предлагаемая схема переработки клубней топинамбура на порошок помимо традиционных стадий дополнительно включает в себя следующие этапы:

- замораживание свежих клубней перед их переработкой (возможно как искусственное замораживание топинамбура, так и естественное под действием отрицательных температур осеннего и зимнего воздуха);
- обработка высушенного порошка ультрафиолетом перед его фасованием в тару.

Порошок топинамбура различных фракций, выпускаемый по предложенной технологии, изготавливается из свежезамороженных клубней топинамбура путем резки клубней на чипсы, их сушки и последующего помола до заданного размера частиц продукта и облучения полученного продукта ультрафиолетом. Он предназначается для использования в качестве компонента при производстве пищевых продуктов и пищевой биологически активной добавки.

Заморозка свежих клубней топинамбура позволяет повысить содержание редуцирующих веществ в готовом продукте на 20–50%, а обработка ультрафиолетом – избавить или существенно снизить содержание в готовом порошке патофлоры и других аэробных и анаэробных микроорганизмов, дрожжей, плесеней и т. п., количество которых часто строго лимитируется в продукте, выпускаемом на основе производимого порошка из клубней топинамбура.

Получаемый по данной технологии продукт обладает улучшенными органолептическими показателями и повышенной микробиологической чистотой, что дает возможность использовать этот порошок там, где раньше применение ограничивалось степенью его сладости либо повышенной обсемененностью.

Приложение 3
Производство фруктозо-глюкозного сиропа из клубней топинамбура

С. Ю. Беглов, Н. К. Кочнев, И. В. Волкова
Некоммерческое партнерство «Партнерство по созданию биотехнологий и культуры топинамбур»

В России изучением культуры L. Helianthus tuberoses и возможными областями ее использования занимаются уже на протяжении многих десятилетий. В ходе медицинских исследований было установлено, что богатый состав биологически активных веществ топинамбура делает его незаменимым в диетическом питании, а также в приготовлении высокоэффективных лекарственных средств. Однако для более полного усвоения полезных веществ, содержащихся в растении, необходима его обязательная тепловая обработка, так как потребление достаточных для получения лечебного (лечебно-профилактического) эффекта количеств свежего топинамбура в ряде случаев приводит к метеоризму.

Таким образом, одну из основных проблем, препятствующих широкому использованию культуры топинамбура в пищу (в ежедневный рацион питания), можно решить за счет разработки эффективных технологических режимов тепловой обработки клубней, позволяющей получать продукты с высоким содержанием в них полностью усваиваемой и обладающей диетическими, а также диабетическими свойствами фруктозы.

Согласно предлагаемой запатентованной схеме производства фруктозо-глюкозного сиропа (ФГС) измельченное сырье обрабатывают электрическим током с целью повышения выхода сока при отжиме, отжимают на пак- или ленточном прессе и полученный сок топинамбура подвергают гидролизу. Прогидролизованный сок топинамбура очищают от взвесей, пигментов, веществ белковой и липидной природы. Осветленный очищенный сок затем концентрируют в вакуум-выпарном аппарате до содержания сухих веществ не менее 50%.

Полученный по данной технологии фруктозо-глюкозный сироп представляет собой прозрачную вязкую жидкость без осадка, помутнения и посторонних включений. Цвет — от бесцветного до янтарного различной интенсивности. Вкус — сладкий без горечи. Запах — легкий фруктовый или карамельный аромат.

Оптимально подобранные технологические режимы извлечения сока, содержащего полифруктозаны, его гидролиза и очистки с последующим концентрированием позволяют избежать темного окрашивания и специфического запаха готового сиропа при общем снижении потерь сахаров при их извлечении из исходного сырья.

Приложение 4
Использование инулиносодержащей пищевой добавки «Дар» в медицинской практике

К. А. Варламова, Е. А. Приходько
Одесский экологический институт, Одесса, Украина

Топинамбур использовался человеком за две тысячи лет до нашей эры, а в первом тысячелетии до нашей эры топинамбур вошел в индейское земледелие. Европейцы впервые увидели топинамбур в 1586 году при основании своей колонии в Виргинии. Первое массовое знакомство европейцев с этой культурой произошло в трагической обстановке и связано с открытием и заселением берега Канады. Из-за сильной засухи в 1612 году наступил голод, и лишь клубни топинамбура, близкие по питательности к картофелю, спасли переселенцам жизнь.

По историческим данным, человечество часто забывало о топинамбуре и вспоминало о нем в трудные часы своего существования, когда решался вопрос его выживания. Это чрезвычайно актуально и сегодня, когда экологическая обстановка в Украине экстремально ухудшена Чернобыльской катастрофой. Топинамбур имеет уникальный химический состав, богатый биологически активными веществами, которые обладают радиопротекторными и иммуномодулирующими свойствами, что так важно сегодня для сохранения и восстановления здоровья, особенно пожилых людей, детей, больных тяжелыми заболеваниями сердца, печени, болезнями обмена веществ, сахарным диабетом.

Лечебно-профилактическая инулиносодержащая добавка «Дар», запатентованная в Украине в 1998 году, представляет собой мелкодисперсный порошок из клубней топинамбура, обладает всеми свойствами исходного сырья и, являясь концентратом, имеет большую биологическую активность.

Для производства пищевой добавки «Дар» используются клубни определенного сорта, отобранного в результате многолетних исследований из коллекции, содержащей более 50 сортов.

Высокое качество сырья (клубней) обеспечивается технологией выращивания без использования химических средств и местом выращивания — степная зона Украины, где сочетание природных факторов благоприятствует накоплению в клубнях ценных биологически активных веществ.

Целебное действие пищевой добавки «Дар» обусловлено высоким содержанием полисахарида инулиновой природы, присутствием пектиновых веществ, витаминов группы В, витамина группы С, важнейших макро-и микроэлементов (кремния, железа, магния, калия, кальция, цинка, меди, марганца, никеля, фосфора и др.), находящихся в биогенном, то есть наилучшем для усвоения виде. В состав белковых веществ добавки входят важнейшие незаменимые аминокислоты.

Химический состав пищевой добавки «Дар»

- полисахариды инулиновой природы – 72–77%;
- белки – 7–7,2%;
- клетчатка – 10%;
- пектиновые вещества – 1,1%.

Лечебно-профилактическая пищевая добавка «Дар» обладает иммуностимулирующими, сахароснижающими, радиопротекторными, антимутагенными, детоксикационными свойствами.

Проведенные медико-биологические и клинические испытания показали следующее фармакологическое действие пищевой добавки «Дар»:

- За счет высокого содержания инулина и других олигосахаридов «Дар» обладает сахароснижающим свойством как при сахарном диабете I типа, так и при сахарном диабете II типа. У больных диабетом II типа удается компенсировать заболевание, уменьшая дозу сахароснижающих химических препаратов в 2–3 раза или отменяя их полностью.
- У больных диабетом I типа в комплексной терапии достигается стойкая ремиссия заболевания и значительное снижение дозы инсулина.
- У больных сахарным диабетом I и II типов происходит нормализация энергетического эквивалента крови за счет выравнивания показателей электромагнитного и микроэлементного состава крови, увеличение уровня железа в крови, нормализация содержания калия и натрия в крови.
- Достигается выраженный антилипогенный и антихолестеринемический эффект у больных сахарным диабетом II типа, снижение развития гиперлипидемии и уменьшение риска развития атеросклеротического процесса.
- «Дар» мобилизует внутренние резервы организма в целом и прежде всего иммунную систему, участвует в поддержании гомеостаза.
- «Дар» помимо стимуляции неспецифического иммунитета усиливает специфический иммунитет и закрепляет иммунологическую память, повышая

функциональную активность тимуса, Т- и В-лимфоцитов, таким образом, способствуя повышению резистентности и нормализации физиологических функций органов и тканей при патологии.

- В акушерско-гинекологической практике — биодобавка дает хорошие результаты при лечении беременных женщин с отягощенным акушерским анамнезом, проживающих в экологически неблагополучных районах.
- Уменьшает симптомы вегетативных дисфункций, устраняет астенический синдром у пациентов с вегето-сосудистой дистонией, способствует нормализации тонуса мелких и средних сосудов, нормализации показателей функции сердечно-сосудистой системы.
- Положительный эффект отмечен у пациентов с нарушением гепабилиарной системы. Гепатопротекторное, противовоспалительное действие «Дара» в значительной степени основано на нормализации деятельности иммунной системы и прежде всего макрофагов печени, а также естественных Т-киллеров.
- Положительный эффект отмечен при лечении коронарного атеросклероза и заболевания щитовидной железы у больных, проживающих на территориях, загрязненных радионуклидами.
- Опыт применения фитопрепарата «Дар» у лиц, подвергшихся воздействию мутагенных факторов радиационной и химической природы, показал наличие статистически достоверного снижения как среднегрупповой, так и индивидуальной частоты метафаз с аберрациями хромосом после длительного систематического приема препарата. При этом наблюдалось достоверное снижение хромосомных аберраций — маркеров радиационного воздействия. Полученные данные дают основание сделать вывод о наличии антимутагенного и радиопротекторного эффекта пищевой добавки «Дар» и рекомендовать ее для включения в рацион питания лиц, проживающих в экологически неблагополучных регионах,

а также лиц, работающих на предприятиях с повышенной нагрузкой мутагенами радиационной и химической природы.

Апробацию пищевой добавки «Дар» проводили канд. мед. наук Л. Т. Ванюрихина и канд. мед. наук Е. А. Ванюрихина в следующих медицинских учреждениях: Киевский государственный медицинский институт; Украинский научно-практический центр эндогенной хирургии и трансплантации эндогенных органов; Киевская академия постдипломного образования; Киевский областной эндокринный диспансер и др.

Инулиносодержащие продукты из топинамбура диетического и профилактического назначения, которые благотворно влияют на жизнедеятельность организма человека и обладают радиопротекторными свойствами, имеют особенно важное значение для Украины. Это связано с последствиями аварии на Чернобыльской АЭС — уменьшением иммунных свойств организма человека, увеличением числа больных с явным и неявным протеканием диабета, ожирением и другими заболеваниями эндокринной и сердечно-сосудистой систем.

Как выяснилось на Шестом Европейском семинаре (1996 год, Германия, г. Брауншвейг), Седьмом Европейском семинаре (1998 год, Бельгия, г. Левен) и на Четвертом международном фруктановом симпозиуме (2000 год, Швейцария, г. Аролла), по мнению ведущих специалистов Запада инулиносодержащая добавка «Дар», которая там демонстрировалась, является именно той формой инулиносодержащего продукта, которая готова к употреблению, соединяет высокое содержание инулина с сохраненными биологически активными веществами — витаминами, микроэлементами, полифенолами.

Исследование свойств топинамбура (биологическая продуктивность коллекционных образцов, формирование урожайности в зависимости от агротехники выращивания и от агрометеорологических условий, оценка химического состава и питательности зеленой массы и клубней, зоотехническая оценка использования клубней топинамбура при откорме свиней, моделирование процесса формирования продуктивности топинамбура в связи с погодными условиями и др.) является частью работы, проводимой на юге Украины с 1970 года по новым кормовым культурам. Результаты исследований представлялись практически на всех Всесоюзных конференциях и семинарах по новым кормовым культурам.

Совместно с Межрегиональной межотраслевой ассоциацией научного и делового сотрудничества «Нетрадиционные кормовые растительные ресурсы — «Фито»», Одесским гидрометеорологическим институтом (ныне Одесский экологический университет) в г. Одессе проводились две Всесоюзные конференции: в 1989 году — Вторая конференция молодых ученых, занимающихся новыми кормовыми культурами, и в 1991 году — Третья Всесоюзная научно-производственная конференция «Топинамбур и топинсолнечник — проблемы возделывания и использования».

Приложение 5
Коррекция селенового статуса сухим порошком топинамбура

Л. А. Решетник, Е. О. Парфенова, О. В. Прокопьева
Иркутский государственный медицинский университет

Селен (Se) — один из девятнадцати жизненно необходимых элементов. Основной биохимической функцией селена является участие в построении и функционировании глутатионпероксидазы — одного из ключевых антиоксидантных ферментов. Кроме этого селен является необходимым компонентов I типа йодтиронин 5-дейодиназы.

В регионах с глубоким дефицитом селена наблюдаются как эндемические (болезнь Кешана, болезнь Кашина-Бека, эндемические нефропатии), так и неспецифические заболевания (гипертоническая болезнь, инфаркт миокарда, эндемический зоб, онкологические заболевания). С дефицитом селена связан патогенез вирусных заболеваний (гепатит В, рак, грипп).

Как неспецифический иммуномодулятор препараты селена оказывают хороший лечебный эффект при бронхиальной астме, атопических дерматитах. Селен защищает организм от токсического действия тяжелых металлов.

Жители Прибайкалья имеют низкую обеспеченность селеном, которая связана с низким содержанием элемента в почвах, питьевой воде, местных продуктах питания, отсутствием рационального импорта зерновых из богатого селеном края. Дефицит селена наиболее глубок в зонах интенсивного загрязнения окружающей среды.

Для коррекции селенодефицита человека можно селенировать сельскохозяйственных животных или травы, которые они поедают. При более глубоком селенодефиците применяют биологически активные добавки к пище (содержание селена до 100 мкг/сут) или лекарственные препараты. Адекватная суточная доза селена — 1 мкг/кг.

Селен является и эссенциальным, и токсичным одновременно, поэтому назначение селеносодержащих препаратов таит в себе опасность передозировки при неконтролируемом применении. Кроме этого, всасывание селена из продуктов питания или БАД затруднено при недостатке в питании белков, неблагоприятном экологическом воздействии.

Целью настоящего исследования было изучение коррекции селендефицита сухим порошком топинамбура (содержание селена — 0,5 мкг/ч. л.).

Коррекция селенового статуса сухим порошком топинамбура была проведена у 10 детей с дизметаболической нефропатией. Возраст детей от 3 до 12 лет. БАД назначали в дозе 0,5 г/кг веса 2 раза в день за 20 минут до еды в течение 30 дней (содержание селена от 0,5 до 1,34 мкг/сут.). При этом проводилось определение содержания селена в сыворотке крови до и через 1,5 месяца после окончания приема биологически активной добавки флурометрическим методом с использованием референс-стандартов (лаборатория НИИ питания РАМН, г. Москва).

У шести из десяти детей с дизметаболической нефропатией 7–9 лет, получавших сухой порошок топинамбура, исследованы волосы на содержание 23 макро- и микроэлементов. Содержание элементов в волосах определялось методом атомно-эмиссионной спектрометрии с индуктивно-связанной аргоновой плазмой в Международном центре биотической медицины (г. Москва). Кроме того применялись клинические, параклинические методы исследования. Статистическая обработка результатов проводилась методами связанных выборок с использованием критерия t.

Содержание селена в сыворотке крови с 87,7± 5,7 мкг/л до 104,5±4,6 мкг/л, то есть на 19,1% от исходного; $p<0,01$).

При исследовании волос на элементный состав обнаружено, что содержание селена в волосах детей до приема сухого порошка топинамбура составило 0,68± 0,26 мкг/г, после – 2,91±0,10 мкг/г. Исследование показало, что содержание селена в волосах детей возросло на 2,23±0,25 мкг/г ($p<0,001$) или на 328% от исходного.

Наблюдение в течение 9 месяцев за детьми, получавшими сухой порошок топинамбура, показало отсутствие обострения заболевания. После приема биологически активных добавок наблюдалась тенденция к увеличению суточного диуреза (с 516±52 мл до 723±70 мл) и повышение общей антиоксидантной активности плазмы (с 6,21±0,45 у. е. до 10,19±1,48 у. е.). Количество суточных оксалатов в моче снизилось с 184,6±26,7 до 89,5±23,7 ммоль/л.

Результатами исследований показано, что добавка, не относящаяся к «селеносодержащим», может быть использована для коррекции селенового статуса. Вероятно, под влиянием данной биодобавки происходит лучшая утилизация элемента из обычных продуктов питания. Возможно, повышенное всасывание селена из продуктов питания, являясь более физиологичным, оказывает большее влияние на обеспеченность организма селеном по сравнению с дотацией элемента на искусственно обогащенных носителях. При этом полностью отсутствует возможность токсического действия селена при неконтролируемом применении таких добавок.

Таким образом сухой порошок топинамбура может быть рекомендован для повышения селенового статуса, при заболеваниях, связанных с активацией перекисного окисления липидов, в том числе и при дизметаболической нефропатии.

Приложение 6
Сырые клубни топинамбура как эффективный энтеросорбент

Л. А. Решетник
Иркутский государственный медицинский университет

Тяжелые металлы являются приоритетными загрязнителями, обладающими высокой биологической активностью и способностью накапливаться в природной среде в том числе и в организме человека. Наиболее чувствительными к их токсическому эффекту являются дети.

Введению в рацион питания лечебных продуктов, способных выводить тяжелые металлы из организма, посвящено большое число работ. С этой целью используются пищевые волокна злаковых продуктов, содержащие гемицеллюлозу. Более широкое применение в клинической практике получили пектины. Одним из перспективных сорбентов являются альгинаты — компоненты клеточной стенки бурых водорослей. Работ, посвященных использованию топинамбура в этих целях, недостаточно. Известно, что топинамбур богат пищевыми волокнами и пектином (3,5 г/100 г сухого веса), их содержание в топинамбуре выше, чем во всех известных корнеплодах, и сравнимо лишь с укропом (3,5 г/100 г сухого веса).

Исследование эффективности применения салата из сырых клубней топинамбура проведено в группе 6-летних детей (32 человека). Измельченные клубни топинамбура в количестве 50 г с добавлением 2 г растительного масла и 0,5 г соли дети получали на второй завтрак в течение 1 месяца через день в детском дошкольном учреждении. Девять детей отказались от салата либо принимали его нерегулярно. Шесть детей по семейным причинам либо по случаю интеркуррентных заболеваний не посещали детское дошкольное учреждение в течение 6–10 дней. Таким образом постоянно принимающих салат было 17 человек.

Органолептические свойства салата из топинамбура были удовлетворительными, каких-либо проявлений его непереносимости в виде тошноты, рвоты, поноса, аллергических реакций мы не отметили. До обследования был проведен клинический осмотр детей и исследован микроэлементный состав волос, определен гемоглобин крови и общий анализ мочи.

Как показали наблюдения, у детей, получавших салат из сырых клубней топинамбура, имела место тенденция к повышению аппетита, восстановлению частоты и консистенции стула. Кал стал мягким, а дефекация ежедневной и даже до 2 раз в день.

Из лабораторных показателей нарос гемоглобин на 6,3 г/л, исчез солевой осадок в моче. За 3 последующих месяца после приема топинамбура снизилось число случаев инфекций, что косвенно свидетельствует об оптимизации иммунного статуса. Ограниченное количество наблюдаемых детей не позволило убедительно отметить изменения в состоянии здоровья, но тенденция отмечена.

Десяти детям проведен повторный анализ волос методом атомно-эмиссионной спектрометрии (Центр биотической медицины, г. Москва) на содержание микроэлементов.

Элементный анализ волос, проведенный через 3 месяца после окончания приема топинамбура (срок наблюдения определялся скоростью роста волос) и рассчитанный методом связанных выборок, показал достоверное снижение концентрации в волосах алюминия на 13,6% ($p<0,05$), меди на 28% ($p<0,001$), никеля на 58,7% ($p<0,05$), свинца на 47% ($p<0,05$), олова на 90% ($p<0,05$), ванадия на 44,2% (0,05).

Можно думать, что указанное является результатом энтеросорбентного действия сырых клубней топинамбура, богатого пищевыми волокнами и пектином, которые выводят металлы из энтерогепатической циркуляции.

Таким образом, сырые клубни топинамбура можно использовать как эффективный энтеросорбент.

Приложение 7
Сухие молочные каши с топинамбуром для детского питания

Г. П. Овчарова, М. Ю. Яхутль, А. А. Варнвода
Краснодарский НИИ хранения и переработки сельскохозяйственной продукции РАСХН

Одним из главных направлений в перспективе развития индустрии детского питания является производство сухих продуктов быстрого приготовления, не требующих варки. Эти прогрессивные продукты нового поколения характеризуются высокой степенью усвоения, энергонасыщения, длительными сроками хранения.

На основе результатов исследований современных тенденций развития индустрии здорового питания, с учетом накопленного многолетнего опыта работы в этой области, специалистами института разработана концепция региональной политики в области здорового питания детского населении Кубани, в соответствии с которой создан широкий спектр сухих многокомпонентных быстровосстанавливаемых продуктов для детского и диетического питания на зерновой и зерномолочной основе с наполнителями из растительного сырья, в том числе нетрадиционного.

Особый интерес в качестве наполнителя вызвал топинамбур, пищевая ценность которого, как известно, обусловлена составом углеводного комплекса, отличающегося большим (до 14%) содержанием нативного инулина и продуктов его гидролиза. Подобные продукты рекомендуют людям, страдающим сахарным диабетом, кроме того, топинамбур обогащает продукты всеми незаменимы аминокислотами, органическими кислотами (лимонной, яблочной, фумаровой, янтарной и др.), минералами, пищевыми волокнами и пектиновыми веществами (до 2% на сырую массу), обладающими, по мнению ряда исследователей, радиопротекторными свойствами.

Не менее ценным компонентом в рецептуре каш является сладкая (подсырная) молочная сыворотка, содержащая сывороточные белки (до 1%), молочный сахар

(4,7%), полный набор незаменимых аминокислот и заслуживающий интереса состав микроэлементов, в котором присутствуют «защитные» комплексы с антисклеротическим действием. Лактоза (молочный сахар) содержится только в молоке (молочной сыворотке) и выполняет специфические функции — входит в состав коэнзимов, участвующих в синтезе белков, липидов, витаминов, имеет важное значение для внутриклеточного обмена, нормальной жизнедеятельности сердца, печени и почек, поддерживает функцию центральной нервной системы, способствует усвоению кальция, что предупреждает развитие рахита у детей (Р. Б. Давидов, В. П. Соколовский). Физиологически действие лактозы липотропно холину — увеличивая содержание лецитина, она уменьшает количество нейтральных жиров, не давая при гидролизе токсичных веществ. Считается, что специфические свойства лактозы обусловлены ее галактозидной частью, которая способствует образованию цереброзидов и мукополисахаридов, а также смутентных оболочек головного мозга, что представляется важным для умственного развития ребенка (А. Г. Храмцов).

Известный специалист по гигиене питания проф. К. С. Петровский считал, что в силу этих объективных данных лактоза может быть рекомендована для потребления от рождения до глубокой старости. Таким образом, молочная сыворотка выбрана для приготовления каши как ценный в биологическом отношении вид молочного сырья. Процесс приготовления сухих продуктов включает следующие операции — подготовку сырья, инспектирование качества, приготовление молочной каши и пюре из топинамбура, смешивание пюре с кашей (1:1), гомогенизацию и высушивание. Рекомендуем для приготовления каши использовать крупы — рис, гречневую, манную и толокно. Практика применения топинамбура показала, что использование его стало возможным со времени селекции и выращивания в Краснодарском крае топинамбура в виде гладких клубней правильной грушевидной формы, легко подвергаемых технологической обработке.

Сушку осуществляли в установке распылительным способом, вводя в сушильную камеру смесь каши и пюре с температурой (63±2)°С с потоком сжатого воздуха в «кипящий» слой инертных (из фторопласта) гранул. «Кипение» гранул обеспечивали потоком горячего воздуха с температурой и «сжижающим» агентом. Распыляясь на поверхность нагретых гранул в виде тонкой пленки, смесь каши и пюре мгновенно высушивается и при соударении «кипящих» гранул продукт легко отделяется от них в виде мелких тонких чешуек, уносится отработанным воздухом в циклон и оттуда попадает в приемное устройство. Температура воздуха в зоне распыла (120±5)°С. Высушивали продукт до конечной влажности 2–4% в непрерывном режиме. Высушенный продукт после выравнивания влажности в емкости просеивали, проверяли на присутствие металлопримесей и с помощью пневмоподачи расфасовывали в инертной среде в картонные пачки с вкладышами из многослойного материала, разрешенного органами здравоохранения для детского питания.

В готовом виде продукт представляет собой сыпучий мелкодисперсный порошок пленочной структуры, легко дозируемый, не комкующийся и не слеживающийся при хранении. Эти важные факторы обеспечиваются способом сушки, имеющим преимущества перед вальцовой и обычной распылительной сушкой, традиционно применяемыми в пищевой промышленности. Другие преимущества сушки в «кипящем» слое:

- равномерное распределение компонентов в отличие от распространенного простого смешивания сухих компонентов в общую массу;
- режим сушки при температуре 120 °С более щадящий, в результате чего необратимость процессов меньше, одновременно обеспечивается пастеризующий эффект, что очень важно, так как продукт употребляется в пищу без варки;
- высокое качество порошков, имеющих низкую влажность (практически обезвоженные), что крайне важно при хранении и транспортировке;

- данный способ сушки обеспечивает сухим частичкам продукта свойства быстрого набухания чешуек и восстановления в горячей воде (молоке, бульоне).

При восстановлении продукт через 2–3 минуты превращается в пюреобразную кашу однородной гомогенной структуры с приятным молочным вкусом и цветом соответствующей крупяной основы.

Исследованы показатели пищевой ценности и безопасности сухих продуктов, а также изучен механизм взаимодействия пектинов с поливалентными металлами по наиболее приближенной к действительности, по нашему мнению, модели связывания свободных карбоксильных групп пектина с ионами свинца с образованием нерастворимых солей. Установлена высокая комплексообразующая способность продуктов и отмечена наибольшая селективность к ионам меди, наименьшая — к ионам цинка.

Клиническая апробация подтвердила высокую эффективность сухих и восстановленных молочных каш с топинамбуром для диетического питания детей с 6-месячного возраста. Для детей, страдающих непереносимостью лактозы, рекомендованы сухие каши, приготовленные на воде. Для коррекции вкуса в кашу можно добавлять сливочное или растительное масло.

Приложение 8
Плакаты

О ЗНАЧИМОСТИ ТОПИНАМБУРА

«ТОПИНАМБУР – растение будущего» - это слова академика Николая Ивановича Вавилова. И его пророческие слова сбылись.

Топинамбур является сейчас самой экологической, экономной и биоэнергетической культурой XXI века!

Топинамбур – это эволюционный путь развития - ЭКОЛОГИИ ЧЕЛОВЕКА и ЭКОЛОГИИ ЗЕМЛИ!

Самая важная миссия топинамбура – защита Земли от глобального потепления. Это важная и нужная формула является достижением России.
(см. плакат «Топинамбур против глобального потепления»)

Американские ученые описали явление глобального потепления и за это получили Нобелевскую премию, тогда как российские ученые в течении многих десятилетий работают над темой значимости топинамбура в экстремальных экологических условиях. Российскими селекционерами выведено более 600 сортов топинамбура.

В одной маленькой книжке-брошюре «Топинамбур – защита Земли от глобального потепления» собран труд ученых по культуре топинамбур с 1911 г.

В 1987 г был снят фильм о топинамбуре, о нем написаны детские стихи и песни. Сейчас создается программа очень важного проекта в России «ЭКОЛОГИЯ, ДЕТИ, ТОПИНАМБУР».

По своему ценнейшему биологическому составу топинамбур является незаменимым и эффективным стимулятором не только физического, но и интеллектуального потенциала человека – что может дать человечеству мощный толчок к преобразованию Земли.

Все яды, которые существуют, топинамбур выводит УСПЕШНО, и даже справляется с такой опасностью как радиация.

Все стихийные бедствия, обрушившиеся на Землю, заставляют людей встать на истинный путь ЭКОЛОГИЧЕСКОГО спасения окружающей среды.

И самый сильный СОЮЗНИК в этом - ТОПИНАМБУР:

1 га топинамбура поглощает за год 6 т углекислого газа;

1 га топинамбура может спасти 5 га леса от переработки в целлюлозно-бумажной промышленности…

С БОЛЬШОЙ УВЕРЕННОСТЬЮ МОЖНО СКАЗАТЬ, ЧТО ТОПИНАМБУР ЯВЛЯЕТСЯ НАДЕЖДОЙ ДЛЯ ВЫЖИВАНИЯ НАШЕЙ ПЛАНЕТЫ.

Топинамбур

в помощь пострадавшей от стихийных бедствий Земле

2-ая часть	1-ая часть (70 см) (топинамбур и зерновые)	2-ая часть (3 м) (малая механизация)	3-я часть (70 см) (семена хвойных и желуди)	2-ая часть

1. 1-ая и 3-я части рыхлятся, 2-я часть для проезда малой механизации, размеры частей можно изменить по своему усмотрению.
2. В 1-ой части сажают топинамбур и имеющиеся в наличии семена - овса, гороха, фасоли, бобов, пшеницы, ржи, люпина … Желательно эти семена предварительно замочить, дать им силу и энергию таким настоем - 1 часть зеленого удобрения, 1 часть чайного гриба, 3 части воды. Замачивать семена в течении 3-х дней, после чего семена выдержать 1-3 дня в холоде (t^{o} = 0…-1). Затем высадить топинамбур и семена в 1-ой части в благоприятное время посадок.
3. Тоже самое выполнить с семенами хвойных шишек и желудей, состав тот же только замачивать 7 дней. Затем семена высаживать в 3-ю часть в благоприятные для хвойных пород дни с защитными молитвами.

За первый год топинамбур создаст благоприятные условия для выращивания рассады хвойных пород деревьев, очистит воздух и создаст хорошую кормовую основу для всех обитателей окружающей среды.

Если посадки топинамбура разрастаются вширь, их выкапывают как посадочный материал, либо с 10 по 25 июля (только в этот период) скашивают 2 -3 раза до необходимого соотношения частей. Тогда земля получит отличную подкормку, а посадки хвойных и других пород деревьев - ценнейший биогумус.

Благодаря ценным биологическим веществам топинамбура: инулина, фруктозы, микроэлементам (железа, кремния, цинка, магния, калия, марганца, фосфора, кальция …), свободным радикалам, антиоксидантам, селену, витаминам (С, В1, В2, В3, В5, В6, В7), органическим полиоксикислотам, пектиновым веществам, клетчатки и белкам (включающим 16 аминокислот) и способности зеленой массы топинамбура выделять кислорода в 2 раза больше любого другого растения – это позволит в кратчайшие сроки восстановлению земельных ресурсов от стихийных бедствий.

В ТОПИНАМБУРЕ ЕСТЬ ВСЕ ДЛЯ БЫСТРОГО ОЗДОРОВЛЕНИЯ ЗЕМЛИ !!!

ТОПИНАМБУР

против глобального потепления

Топинамбур одна из самых высокоурожайных культур мира. *(стр.7).*

Зеленая масса топинамбура в два раза больше, чем любое другое растение, выделяет кислорода и поглощает из атмосферы углекислого газа. *(стр.3)*

Из одного гектара топинамбура получается 11-12 тонн сахара, причем не сахарозы, а в основном ценнейшей фруктозы (в 1,5-2 раза больше, чем из сахарной свеклы или сахарного тростника). *(стр.4)*

Из стеблей и клубней топинамбура, собранных с гектара, можно получить 11 тонн спирта высокого качества. Такой спирт добавляют к бензину. *(стр.4)*

Растение долголетия, исцеляющий сахарный диабет.

Блюда из топинамбура: салаты и супы, по старинным рецептам, горячие блюда и гарниры, выпечки и десерты, всевозможные напитки (соки, квас, вино, фито чаи) – все это оздоровит и разнообразит ассортимент домашних блюд. *(стр.83-98)*

Топинамбур – это биоэнергетическая культура XXI века !!!

Топинамбур – это эволюция земли !!!

Эволюция – это экология человека плюс экология земли !!!

Топинамбур – единственный овощ, которому был поставлен памятник еще в XVII веке !!!

Выписки из книги «Топинамбур – источник целебной фруктозы» Л.В.Катренко

Замороженная Земля
или летаргический сон детей Земли

Есть ты и я и Мироздание
веков Вселенной и Миров.
Творивших миг времен
из века в век из года в год,
отсчитывая импульс ход.
Эпоха – век,
столетие – стиль,
Но во главе всего – Творец.

Есть я и ты, и наш Создатель,
создавший нас, и этот Мир,
где мы в гостях:
А это значит, что скромными,
терпимыми должны мы быть.
И как положено гостям – вести…
тогда и гостям рады.

А мы?...
Подобны той свинье…
Дарованное ей благо все оплевала,
и красоту всю растоптала…
Забыли этикет и такт,
культуру и мораль,
и суть свою, что люди мы.
Все о Галактиках, чужих мирах,
космических планетах.
Наш ум и мысли и дела.

А о Земле?
Куда послали нас, создать цветущий
рай…
Где ж он?
Все наши устремленья – ложь, суета сует:
карьера, деньги, бизнес, власть – мираж.
Все наши достиженья – пепел,
разрушенье - крах…

Как хитро выбили нас с колеи–судьбы,
Где главный наш
критерий высоты – Земля!!!
Она оценит нас и здесь, и там...
Она Божественный нам дар Творца.

Невежды спят, их ловко увели от Бога,
от цели их искусно увели…
А суть и предназначенье их – Земля!
И жизнь их бытия – Земля!
И вздох, и выдох их – Земля!

Но не в иллюминаторе,
а на траве живой у дома рода своего.

И будем ты и я, и все родное,
что душу греет, сердце теребит.
И ум светлеет, как рассвет весною.
И вся Планета – сад цветущий,
в радости, в любви!

Бог верит в нас,
и ждет от нас прозренья.
Хороших добрых дел –
твори, дерзай, трудись…
Ведь сон детей Его,
всю Землю усыпил.
Спит, летаргией, заболев,
единым вирусом с людьми больными.

Но есть и я и ты, и наши дети,
семья и род,
и наши внуки за нами вслед спешат,
подсказывая нам, - Земля для них.
Цветы, роса, вода и снег,
закат, рассвет,
Луна и Солнце –
вся благодать Земли для них!
Они пришли творить здесь рай!
В них есть Его частичка – созидать!

Без войн, без яда, без насилий.
Их взгляд святой, укор нам…
Не посылал Творец нас
для таких коварных дел.
Мы, сторониться, их должны и верить:
Бог – Любовь, и Мир Земли!

Все те, кто выбрал зло – не Его дети…
И скоро их попросят всех уйти…
Так было, есть и будет во все века.

Так будем ты и я,
и правильный наш выбор –
Земля цветущая, сад-рай!
Мы с Ней хотим творить и жить,
Растить своих детей
и внуков, наставляя, созидать!
И этот выбор вечность БЫТИЯ!
Бог и ты и я!

Москва апрель 2005 год Катренко Л.В.

"Пусть есть неверующий Фома, и в этом есть его беда..."

Ты существуешь! И ты есть Анастасия!
Как солнца луч, как слово - меч, что зло крошит...
Ты путь добра, Ты сердца путь к вершине мудрости Творца!
Ты существуешь! И ты есть Анастасия!

Как солнце и луна, как звезды и моря,
Как небо и земля, как все творенья Бытия.
Через года, столетья и века
Неси свой светлый луч для созидания Творца!

Ты существуешь! И ты есть Анастасия!
Как жизни пульс, как мысли темп,
Как взлет звезды, где силы чувств
И мир любви в награду нам Творцом даны!

Ты существуешь! И ты есть Анастасия!
Звенящим лучом, звенящей струной, звенящей мечтой
Прикоснись ты к душам больным.
Исцели, защити, очисть и направь нас

В будущий светлый божественный рай,
Где Он восседает по праву Творца!
Ты существуешь! И ты есть Анастасия!
Любовью материнскою сгораешь вся:

К ребенку и цветку, к букашке - муравью.
Всему свой трепет даришь ты:
Дачник, воспитатель, предприниматель, банкир -
Всех ты вместишь в свой излучающий мир,

Где свет, чистота, доброта - истинный путь Творца!
Ты существуешь! И ты есть Анастасия!
Пусть мудрость и воля, любви чистота,
В блаженство приводят святые сердца.
Анастасия - Божья дочь! Ты в мир пришла, чтоб нам помочь,
Спасти наш общий Отчий дом.
Державной миссии полна, Как новая лучистая звезда.
Веди к стопам Создателя - Творца!

Ты существуешь! И ты есть Анастасия!
Пусть мудрость осилит идущий, и тьме чистоту не затмить!
И светлое наше Крещение грязной водою не смыть!
И ты звени России кедр и славь Святую нашу Русь!
И все святыни отвори во славу света и добра,
Во славу завтрашнего дня Творца!

Москва. 19.01.1998г Катренко Л.В.

ЭКОЛОГИЧЕСКИ ЧИСТОЕ ЗЕМЛЕДЕЛИЕ

Экологически чистое земледелие

Представляет программу:

1. **КОМПОСТ -это искусство, это черное золото садовода!!! Грамотно и профессионально сделанный компост заменит 100% навоз!**
2. **НИТРАТЫ - это злейшие враги вашего организма! Защитите себя и своих близких.**
3. **ФЕРМЕНТЫ, ФЕРМЕНТЫ, ФЕРМЕНТЫ - ваш ключ к долголетию!**
4. **БОДИНАМИЧЕСКИЙ КАЛЕНДАРЬ *«БЕРЕГИНЯ»* + формула Гиппократа "Пища - лекарство, а лекарство - пища".**
5. **БИОДИНАМИЧЕСКИЕ ПРЕПАРАТЫ**
6. **ТОПИНАМБУР - овощ XXI века!**
7. **МИССИЯ садоводов и дачников РОССИИ. (Анастасия).**
8. **СИЛА ДОЛЬМЕНОВ.**
9. **КОМНАТА ЗЕМЛЕДЕЛИЯ во дворце Н.Б.Юсупова в Москве (фрагменты).**
10. **МУЗЕЙ-УСАДЬБА А.Т.БОЛОТОВА "Дворяниново"**
11. **БИОДИНАМИЧЕСКАЯ ФЕРМА В БОЛОТОВЕ.**
12. **ЖИВАЯ ЗЕМЛЯ, "ЖИВАЯ" ПИЩА, энергичный жизнерадостный человек - прогресс общества!!!**
13. **ТОПИНАМБУР, РЕПА, БРЮКВА - богатырское здоровье!**
14. **ДАЧНИКИ РОССИИ! Мудрость этих книг поможет Вам с минимальными усилиями вырастить экологический урожай!**
15. **ДРУЗЬЯ! Прекрасен зеленый наш союз!**
16. **ЧАЙНЫЙ ГРИБ на даче.**
17. **ТОПИНАМБУР, СТЕВИЯ, АМАРАНТ, ЯКОН!!! Конференция, сентябрь 2001г, Сергиев Посад.**
18. **ЭКОПОСЕЛЕНИЯ - это осознанность, - это самосовершенствование, - это образ жизни ЧЕЛОВЕКА!!!**
19. **РАСТЕНИЯ –КОМПАНЬОНЫ. Цветы и овощи на одной грядке.**
20. **Не разрушайте ЗЕМЛЮ!!!**

Топинамбуру!-ру!-ру!

(детская песня)

Есть много растений на свете...
Но путь очищенья планеты,
Дарован Ему одному –
Топинамбуру-ру-ру!!!

Все яды и злые явленья
Очистит с людей и Земли.
И чистые Света мгновенья
Подарит Он сердцу Земли!

Припев: *Потому что Он верный,*
надежный, защитный.
И все ему по плечу –
Топинамбуру-ру-ру!!!

Целитель, помощник, наставник,
Он вылечит всех нас с тобой.
И светлую, добрую радость
Вернет в наш с тобой «Отчий дом».

Припев: *Потому что Он верный,*
надежный, защитный.
И все ему по плечу –
Топинамбуру-ру-ру!!!

Все трудности, беды, болезни
Он примет как рыцарь в строю.
И лучше на Свете нет песни
Как смелому другу Ему.

Припев: *Потому что Он верный,*
надежный, защитный.
И все ему по плечу –
Топинамбуру-ру-ру!!!

Он слышит твои откровенья
И может их выполнить в миг,
Как мудрый волшебник-кудесник
Из сказок любимых твоих.

Припев: *Потому что Он верный,*
надежный, защитный.
И все ему по плечу –
Топинамбуру-ру-ру!!!

Все стрессы, волненья и зло
Он снимет в мгновенье одно,
Наполнив пространство Земли
Вибрацией мира, добра и любви!!!

Припев: *Потому что Он верный,*
надежный, защитный.
И все ему по плечу –
Топинамбуру-ру-ру!!!

22 мая 2010 год Катренко Л.В.

Экологически чистое земледелие

ТОПИНАМБУР (земляная груша) - овощ XXI века!!!
ТОПИНАМБУР - перспективная культура XXI века!
ТОПИНАМБУР - новый путь к здоровью и красоте!

"...Жители Монреаля установили на одной из площадей памятник этому чудо-растению за то, что в начале века во время страшной засухи в Канаде это растение помогло населению избежать голодной смерти..."

О.Шувалова "Целитель топинамбур".

"...Зеленая масса топинамбура выделяет кислорода и поглащает из атмосферы углевода в 2 раза больше, чем другие растения. Растение можно назвать одной из самых мощных на Земле растительных фабрик. По выходу полезных для человека и животных питательных и лечебных веществ земляная груша занимает пожалуй, одно из первых мест в мире среди полевых культур..."

Академик Н.М.Болтасов "Земляные груши".

"...Топинамбур или земляная груша - растение долголетия, блюда и препараты из топинамбура предупреждают и лечат многие заболевания. Прежде всего, топинамбур повышает иммунитет, лечит и предупреждает "болезнь века" - сахарный диабет. ***У него все целебно: клубни, цветы, листья, стебель.*** Топинамбур - это и профилактика сердечно сосудистой системы, дизбактериоза, атэросклероза, анемии, лечении острых и хронических инфекционных заболеваний, средство очистки организма. Блюда из клубней топинамбура - здоровье вашего желудка..."

Г.И.Поскребышева "Топинамбур - 100 золотых рецептов".

"***...Этот овощ, попадая в организм человека, расщепляет все нитраты, шлаки, соли, даже снимает радиацию. Идет процесс обновления организма, и постепенно нормализуется обмен веществ, болезнь отступает...***" С.С.Шаин "Топинамбур".

Экологически чистое ЗЕМЛЕДЕЛИЕ

Экологически чистое земледелие

По многочисленным просьбам дачников

О чайном грибе

Чайный гриб является не только великолепным целителем для человека и животных. Об этом сейчас написано много брошюр и книг. Но мало кто знает, что чайный гриб прекрасный помощник для садовода, дачника и фермера.

Чайный гриб – универсален! Он сильнейший антисептик от грибковых и вирусных заболеваний на земельном участке и хороший помощник против сосущих и грызущих вредителей.

МЕТОДИКА РАБОТЫ

Месячный настой чайного гриба (можно и дольше), т.е. уксус, который многие выливают, процедить через 2-3х-слойную марлю и опрыскивать им один раз в неделю. Если условия критические, то два-три раза.

Начинать опрыскивать можно с появления почек, затем листьев, потом с появления цветочных и плодовых завязей, а также плодов.

Хорошо заканчивать осенне-зимние работы на участке, опрыскивая крепким настоем чайного гриба кустарники, деревья, клубнику и др.

Чайным грибом можно промывать и проращивать семена и корневую систему перед посевом и посадкой.

На основе чайного гриба можно использовать чайные настои (особенно противогрибковые) из крапивы и хвоща.

УНИВЕРСАЛЬНАЯ ПОДКОРМКА С ПРИМЕНЕНИЕМ ЧАЙНОГО ГРИБА

Хорошо в воду от варки яичек добавить чайный гриб и опрыскивать.

Также опрыскивать чайным грибом с применением рогового и кремневого биодинамических препаратов.

Другой экологический вариант с чайным грибом на основе зеленого удобрения из окопника, одуванчика, тысячелистника, топинамбура и всего того, что вам подскажут знания и необходимая подкормка для ваших зеленых друзей.

Также можно работать с морским рисом, с молочной сывороткой, но с ними больше хлопот.

Главное без химии.

Успеха и удачи, счастья и здоровья всем работающим с биодинамическим календарем «Берегиня»!!!

ЧЕЛОВЕК ЗЕМЛИ !!!

БУДЬ ДОБР!
СОТВОРИ СВОЙ ОТЧИЙ ДОМ!
ЧТОБ ВСЯ ПРИРОДА И ДУША ТВОЯ
В ЧИСТЫХ ПОМЫСЛАХ ЖИЛА!
ЧТОБ ГАРМОНИЯ БЫЛА,
ЗВУКА, ЦВЕТА, КРАСОТЫ –
ЧТО ТАК НУЖНО ДЛЯ ЗЕМЛИ!
ВОЗРОДИТСЯ В НЕМ ЛЮБОВЬ!
ДЕТСКИЙ СМЕХ УСЛЫШИШЬ ВНОВЬ!
ПЕСЕН ЗВОНКИЙ ХОРОВОД
ЗАВЕДУТ СО ВСЕХ СТОРОН!
ЗАЦВЕТУТ САДЫ КРУГОМ,
АРОМАТАМИ ПЬЯНА,
ТАК ВОЗРАДУЮТ ТВОРЦА!
СИЛА МЫСЛИ И УМА
БУДУТ ДЕЛАТЬ ЧУДЕСА!
ТОГДА НЕ КОНЕЦ БУДЕТ СВЕТА,
А ТЬМЫ КОНЕЦ! УРА!!!

Внимание!

Новые Русские, Третьяковы и Морозовы

Откликнитесь на зов Земли, которая вас вырастила, дала вам силу, мудрость и преуспеваемость.

Услышьте ее сигнал SOS!!!

И направьте свое внимание и свои устремления к ее спасению, к ее преобразованию.

Окажите помощь по созданию союза экологического земледелия «ЭВОЛЮЦИЯ ЗЕМЛИ».

Помогите:

- **Обустроить биодинамическую ферму в Болотово под Тулой.**
- **Организовать производство и реализацию биодинамической продукции со знаком Деметра.**
- **Организовать производство и реализацию биодинамических препаратов в России.**
- **Развитию биоэнергетической культуры топинамбур в России.**
- **Благоустроить музей-усадьбу графа А.Т.Болотова – «Ломоносова» русского земледелия (под Тулой в Дворяниново).**

Отзовитесь, откликнитесь, найдитесь экологические защитники Земли.

Мы должны любить природу...
Видеть, чувствовать в ней Творца!

Здоровая семья —
богатый род!!!
Здоровая нация —
богатая страна!!!

Тонезиты - это пища, продлевающая жизнь.

Давно известно, что **ТОПИНАМБУР** - растение, несущее здоровье и долголетие.

Добавка топинамбура в продукты питания делает их целительными. Такие продукты - тонезиты – начали выпускать иркутские предприятия. Это могут быть хлеб и печенье, соки и молоко, сиропы и конфеты, сушеные клубни и порошок. Они полезны здоровым и необходимы больным.

Знайте:

- в древности топинамбуром лечились аборигены Америки и пациенты знаменитого азиатского врача Авиценны;
- сегодня в мире этим чудо-растением засевают тысячи гектаров, чтобы получить из него здоровую пищу и чистые лекарства;
- полезность его нарастает по мере его изучения. Медико-биологические испытания ведутся в Австрии, Японии, Франции, Украине, России.

Помните:

- в **топинамбуре** редкое сочетание инулина и фруктозы, пектиновой клетчатки и железа, кремния и аминокислот, микроэлементов и витаминов;
- **топинамбур** предохраняет от развития сахарного диабета и опухолей, укрепляет иммунную систему, улучшает обмен веществ и предохраняет от инфекций, полезен вашему сердцу и сосудам, пополняет организм энергией при физических и психических перегрузках;
- **топинамбур** выводит из организма токсиканты, соли тяжелых металлов, радионуклиды, которых все больше вокруг и внутри нас;
- употребление продуктов с **топинамбуром** - тонезитов – полезно беременным и кормящим женщинам и их детям, диабетикам, а также людям, пораженным атеросклерозом, сердечнососудистыми недугами и ожирением, работающим на вредных и опасных производствах.

Имейте в виду:

- особенно полезны тонезиты здоровым людям.

Чем чаще на столе продукты с топинамбуром, тем реже встречи с врачами!

СПИСОК ЛИТЕРАТУРЫ

1. Белозеров К. Несправедливо забытая...//Сельские зори. — 1984. — № 9.

2. Бочаров Б. Болезнь № 1//Будь здоров. — 1997. — № 6.

3. Болтасов Н. М. Земляные груши. — Вдохновение: 1991.

4. Ващенко Л. И. Возделывайте земляную грушу (топинамбур). — Южно-Сахалинск, 1958.

5. Вощенко А. В. Селен и онкологическая патология. — Чита, 2002.

6. Вторая Всесоюзная научно-производственная конференция «Топинамбур и топинсолнечник — проблемы возделывания и использования»: Тезисы докладов. — Иркутск, 1990.

7. Гичев Ю. Ю., Гичев Ю. П. Руководство по биологически активным пищевым добавкам. — М., 2001.

8. Григоровская М. Топинамбур как овощ//Сельское хозяйство Молдавии. — 1988. — № 7.

9. Голубев В. Н., Волкова И. В., Кушалаков Х. М. Топинамбур. Состав, свойства, способы переработки, области применения. — М., 1995.

10. Гринь В. П., Новиков В. К. Топинамбур//Ценные малораспространенные овощные культуры. — Киев, 1978.

11. Гулый И. С, Бобровник Л. Д., Ефимов А. С, Пасько Н. М. Топинамбур и его использование//Пищевая промышленность. — 1987. — № 1.

12. Ермолаев Л. С. Топинамбур на зеленую массу// Кролиководство и звероводство. — 1990. — № 3.

13. Жуковский И. В. Выращивание топинамбура на приусадебных участках//Сельское хозяйство Белоруссии. — 1987. — № 11.

14. Калинина З. Г. Перспективная кормовая культура// Животноводство в Сибири за 50 лет. — Новосибирск, 1968.

15. Каширская Н. Ю. Значение пробиотиков и пребиотиков в регуляции кишечной микрофлоры//Русский медицинский журнал. — 2000. — № 7.

16. Клевцова О. М., Фрампольская Т В., Васьков В. А. Использование топинамбура в производстве консервированных салатов//Будь здоров. — 1999. — № 1.

17. Ковалев А. С. Еще раз о топинамбуре//Кролиководство и звероводство. — 1989. —№ 2.

18. Котов П. Ф., Онуфриев А. Ф. Земляная груша — ценная кормовая культура. — Воронеж, 1959.

19. Краутер А. Перспективная культура//Сельское хозяйство Казахстана. — 1987. — № 3.

20. Кривицкая Е. И. Перспективы использования порошка топинамбура для профилактики заболеваний органов пищеварения//Будь здоров. — 1999. — № 1.

21. Лехнович В. С. Земляная груша. — Ленинград: Издание Всесоюзного института Прикладной Ботаники и Новых Культур, 1929.

22. Материалы Первой Международной научно-практической конференции «Растительные ресурсы для здоровья человека (возделывание, переработка, маркетинг)». — М.-Сергиев-Посад, 2002. — 23–27 сентября.

23. Михальцова Н. В. Новые сорта топинамбура и топинсолнечника//Кормопроизводство. — 1985. — № 9.

24. Медицинские вопросы применения топинамбура в лечебной практике и питании населения (1989–1991 гг.). — Иркутск: Восточно-Сибирский филиал СО АМН СССР. Научно-исследовательский кооператив «Медицинская наука», 1992.

25. Наги Л., Матенин А., Хиль К., Ангели И. (Венгрия) Результаты проведенного в Сомлгиссарде двухгодичного медицинского эксперимента с топинамбурным сиропом: в сб. Всесоюзного центра переводов научно-технической литературы и документации. — Киевская редакция (КР ВЦП), 01.02.89.

26. Наймушина Е. Г., Зайко Г. М., Аминева И. Я. Использование топинамбура в производстве соусов функционального назначения//Будь здоров. — 1999. — № 1.

27. Пасько Н. Топинамбур — хороший корм//Сельские зори. —1977. — № 6.

28. Пасько Н. М. Топинамбур — кормовое техническое и пищевое растение//Охрана природы Адыгеи. — 1987. — Вып. 3.

29. Покровский В. В. Вступительное слово: Материалы Всерос. Конференции «Пробиотики и пробиотические продукты в профилактике и лечении наиболее распространенных заболеваний человека». — М., 1999. — 21–23 апреля.

30. Поташов Д. А. Лечение топинамбуром//Земля сибирская, дальневосточная. — 1994.

31. Решетник Л. А., Кочнев Н. К. Топинамбур в питании детей экологически неблагополучных территорий: Тезисы 2-го международного симпозиума «Питание и здоровье: биологически активные добавки к пище». — М., 1996.

32. Решетник Л. А., Кочнев Н. К. Лечебно-диетические свойства топинамбура (земляной груши). — Иркутск, 1997.

33. Румянцев Н. Г. Возвращаясь к теме//Кролиководство и звероводство. — 1990. — № 2.

34. Сазонова О. П., Фрампольская Т. В. Использование топинамбура в технологии кисломолочных продуктов//Будь здоров. — 1999. — № 1.

35. Сарнацкий П. Л., Выдрин Ю. В., Чумаченко И. П. Топинамбур и топинсолнечник//Нетрадиционные кормовые культуры. — Киев, 1991.

36. Семёнова Н. Очистись! от паразитов и живи без паразитов. — М.-СПб., 2002.

37. Смирнов А. Мир растений. Рассказы о культурных растениях. — М., 1988.

38. Столяров А. Еще раз о топинамбуре//Сельские зори. — 1988. — № 12.

39. Таран Н. Топинамбур//Уральские нивы. — 1980. — № 9.

40. Топинамбур — биоэнергетическая культура XXI века. — Киев-Иркутск, 1990.

41. Топинамбур — культура перспективная//Земля Сибирская, дальневосточная. — 1987. — № 7.

42. Устименко Г. В. Земляная груша. — М., 1960.

43. Федина В. Углеводная бомба//Будь здоров. — 1993. — № 3.

44. Френкель И. Д., Першин С. Б. Сахарный диабет и ожирение. — М., 1996.

45. Цыганова Т. Б., Гусева Д. А. Использование инулина при производстве пшеничного хлеба//Хранение и переработка сельхозсырья. — 1997. — № 12.

46. Шапиро Д. К. Топинамбур — лекарство//Сельское хозяйство Белоруссии. — 1988. — № 10.

47. Шендеров Б. А., Манвелова М. А. Функциональное питание и пробиотики. Микробиологические аспекты. — М., 1997.

48. Шендеров Б. А. Пробиотики и функциональное питание. — М., 2001.

49. Эйхе Э. П. Топинамбур, или земляная груша. Основы возделывания и народно-хозяйственное значение. — М-Л., 1957.

50. Третья Всесоюзная научно-производственная конференция «Топинамбур и топинсолнечник — проблемы

возделывания и использования»: Тезисы докладов. — Иркутск-Одесса, 1990.

51. Bengmark S. Ecological control of the gastrointestinal tract. The role of probiotic flora. — Gut. — 1998. — v. 42.

52. Woollen A. Functional foods — a new market?//Food Rev. — 1990. — v. 17. — № 4.

СОДЕРЖАНИЕ

Катренко Людмила Вадимовна

ТОПИНАМБУР
ИСТОЧНИК ЦЕЛЕБНОЙ ФРУКТОЗЫ

Ответственный за выпуск *С. С. Раимов*
Редактор *Е. М. Голубева*
Художественный редактор *И. Н. Фатуллаев*
Корректор *Л. Г. Алёшичева*
Оформление и верстка *К. Б. Муганлинский*

Подписано в печать 06.04.11. Гарнитура Petersburg.
Формат 84×108 1/32. Усл. печ. л. 7,56. Печать офсетная.
Доп. тираж 7000 экз. Заказ № 3261-2

ООО «Издательство «ДИЛЯ»
198095, Санкт-Петербург, Митрофаньевское ш., д. 18 лит. «Ж».

Отпечатано по технологии CtP
в ИПК ООО «Ленинградское издательство».
194044, Санкт-Петербург, ул. Менделеевская, д. 9.
Телефон/факс: (812) 495-56-10